蓟马类蔬菜害虫物理灯光防控技术

刘启航　刘晓华　著

中国农业出版社
北　京

图书在版编目（CIP）数据

蓟马类蔬菜害虫物理灯光防控技术 / 刘启航，刘晓华著 .—北京 ：中国农业出版社，2023.11

ISBN 978-7-109-30507-6

Ⅰ.①蓟…　Ⅱ.①刘… ②刘…　Ⅲ.①蔬菜—病虫害防治　Ⅳ.①S436.3

中国国家版本馆 CIP 数据核字（2023）第 051354 号

中国农业出版社出版

地址：北京市朝阳区麦子店街 18 号楼

邮编：100125

责任编辑：郭晨茜　谢志新

版式设计：王　晨　　责任校对：吴丽婷

印刷：北京印刷一厂

版次：2023 年 11 月第 1 版

印次：2023 年 11 月北京第 1 次印刷

发行：新华书店北京发行所

开本：880mm×1230mm　1/32

印张：5.25

字数：200 千字

定价：40.00 元

服务电话：010-59195115　010-59194918

投稿联系电话：010-59194154　18310606247（微信）（谢编辑）

前言

Preface

为研制蓟马类蔬菜害虫光致推拉性灯光防控技术，依据蓟马与蝗虫具有相同的日出型小眼类型及昼夜活动习性，在明确蝗虫光致强度视觉与视响应活动内在关联的前提下，确定了橙光光致性视状态对东亚飞蝗视响应效应的作用效果。在此基础上，测试了西花蓟马对不同波长光的视选择响应效应，分析了波谱光质及其光照因素对西花蓟马视响应及视趋敏感性的影响效应。西花蓟马对黄绿对照光、组合光、单光的视响应特性测定进一步验证了光照方式及其强度影响西花蓟马的视响应及视趋效果的正确性，且利用研制的黄、绿光及其配比不同的光源对西花蓟马进行实地应用验证及数据分析，明确了波谱光电热效应是西花蓟马产生视趋上灯的主要原因。同时，在确定东亚飞蝗趋偏视敏因素的基础上，研发了偏光与波谱异质光照诱导性蝗虫杀灭收集装置，其可实现蝗虫趋偏趋光趋热性上灯推拉强化效果，满足100亩范围内蝗虫诱集杀灭要求。依据红光的作用，紫光强化蓟马对紫外光的检测选择敏感性，黄光强化蓟马对绿光的检测选择敏感性，研发了蓟马类害虫趋光推拉调控杀灭收集装置，且装置配对使用形成的光致推拉性多重诱集上灯效应，以及多重杀灭措施的实施，满足对蓟马类害虫的专一性防控。

本书是作者团队对蓟马与蝗虫类害虫光物理绿色防控研究

近五年成果的总结，由河南科技学院刘启航老师和河南工业贸易职业学院刘晓华老师编撰完成。围绕蓟马类蔬菜害虫光致推拉性灯光防控装备的研制，分三个方面对西花蓟马害虫光推拉防控技术的形成进行了研究。首先，对比确定了西花蓟马特异敏感性波谱光照物理特征；其次，研制了蓟马类害虫光诱防控光源装备，并在棚内及野外进行了示范应用；最后，研发了偏光与波谱异质光照诱导性蝗虫杀灭收集装置，并依据红光对西花蓟马视响应及趋近敏感性的增效效果，开发了蓟马类害虫光推拉防控装备且制定了该技术的运行规范。

本书适合害虫绿色防控、诱虫灯研制工程师、植物保护及相关专业科技人员及师生使用。本书得到了河南省科技攻关项目 NO. 212102110139 和国家自然基金项目 NO. 31772501 的资金支持。

受著者水平的限制，书中疏漏和不足之处在所难免，欢迎广大读者批评指正。

著　者

2023年9月

目录

Contents

1 绪 论

全国农业技术推广服务中心指出，我国农作物重大病虫害年累计发生面积约 45 亿亩[*]次。目前，我国病虫害防治主要依赖化学农药，导致农药残留超标引起的食品安全事件时有发生，农业面源污染严重，生态环境安全受到影响，而且导致病虫害抗药性上升，生物多样性下降，防治效果降低。

与化学防治方法不同，害虫光致推拉性灯光防控技术主要利用昆虫波谱色光趋性的生物学特性及光致昆虫生物效应变化的光物理调控措施，实现害虫光生物特性变异性光电调控和光致推拉性灯光诱集杀灭。该技术在《农业绿色发展技术导则（2018—2030 年）》要求的基础上，推进病虫害专业化统防统治和绿色防控，建立我国病虫害预警机制和预警体系，构建农业绿色发展技术体系，促进绿色循环优质高效特色农业的发展。

《全国农业可持续发展规划（2015—2030 年）》明确指出实施农药减量控害，推进病虫害专业化统防统治和绿色防控，推广绿色高效植保机械的优先发展主题。目前，蓟马、木虱、蚜虫和粉虱等害虫危害呈上升趋势，由于缺乏有效的防控措施，蓟马类害虫已成为农业生产上尤其是温室蔬菜生产上防控最为困难的害虫类群之一。围绕病虫害绿色防控这一要求，大力推广应用光致推拉性灯光防控技术。该技术属于绿色植保防控技术，可有效降低或避免蔬菜

* 亩为非法定计量单位，1 亩≈667m^2。——编者注

生产中农药残留污染，解决制约农业绿色产品产出的农药依赖问题。

在灯光防治害虫的应用研究中，大多数观点认为短波长的紫、蓝光谱（380～450nm）是害虫诱导效率最佳的波段，紫外光的存在有利于这种诱导效果的强化，大于诱导光强阈值（$I_{\lambda,th}=0.1lx$）的光源环境更是必须保证的条件，且25～40Hz的低频频振作用也是促进这种光源诱导杀灭害虫的协同因素，并研制了直流晶体管黑光灯、单管黑白双光灯、高压汞灯、频振灯、双波灯、LED杀虫灯等多种新型诱虫灯，促进了灯光防治害虫技术的发展，丰富了害虫综合防治的内容。另外，国内外学者深入研究指出，昆虫的趋光性绝非普遍意义上的趋性[1,2]。尽管灯光防治害虫的技术取得了一定进展，但灯光防治中如何避免这类灯对昆虫杀伤的广谱性，采取何种措施对针对性害虫进行有效诱导和捕集，怎样的波谱光照方式能有效抑制害虫的生命活性等问题还需进一步研究解决。

蓟马类蔬菜害虫中的西花蓟马（*Frankliniella occidentalis*），属于缨翅目（Thysanoptera）蓟马科（Thripidae）花蓟马属（*Frankliniella*），是当今世界上对蔬菜、花卉等作物危害最严重的世界性害虫之一。其体微小，隐蔽性强，繁殖快，世代更替快，易泛滥成灾，难于防治。目前，色光诱导捕集治理技术成为替代化学农药防治蓟马类蔬菜害虫的一项绿色防治技术。根据蓟马类害虫的色光诱导特性，黄、绿、蓝色是诱集西花蓟马的最佳色，而银灰及红色是忌避色。西花蓟马具有趋光和避光波谱敏感区，且光强度也是其趋避的协同因素，同时，色膜的滤光作用呈现正负强化性防治效果。这预示了光致蓟马趋避推拉策略的应用前景，且蓟马趋避性波谱[3,4]与其他种类害虫视趋敏感性的相关性，暗示了蓟马色光趋避光源防治技术的双重应用效果。

利用光致推拉原理对西花蓟马害虫进行灯光防治是光致推拉策略实施的重要保证。而且，东亚飞蝗与西花蓟马具有相同的像眼形式（并列型）、光感受器类型（绿、蓝、紫光），以及类似的生活习性（昼行夜伏且日夜均能活动）（图1、图2），并具有类似的视敏特性，且二者与夜蛾类害虫的趋光应用研究不同，其趋光表现的影响因素复杂。依据蝗虫的视行为敏感机制及其生物光电波谱反应效应，借鉴黄光对夜蛾类害虫取食、交尾和产卵等生物学习性的影响，研究西花蓟马趋避性色光光照的光致生物学影响效应及生命活动中光的作用效应[5]，探讨光致西花蓟马和农田主要害虫生物行为习性及视觉功能变化的特异性差异，研制光致西花蓟马趋避推拉调控性光源，探索光致蓟马生境趋避行为推拉增效性配置模式，为农业害虫治理和灯具布置策略的调整提供科学依据。

图1　东亚飞蝗

图2　西花蓟马

因此，基于光致西花蓟马视行为习性的变化及生命活动的光影响效应，探索蓟马趋避敏感性色光刺激模式，研制适宜的发光调配方式，寻求蓟马和夜蛾类害虫互补防治的色光推拉调控增效措施，建立蓟马类害虫色光推拉性光源防控技术，为农田害虫灯光防控策略的优化提供新模式。

在光致蓟马类害虫趋避推拉调控光源的设计上，可以借助圆筒式波谱光源在其外围分别构建视敏趋拉和避推两种形式的结构，且利用波谱配比性光照度及光照时间等光控措施来增强推拉效果，提高光源的光致操控性，并实现蓟马和夜蛾类害虫双重诱集效果及捕集作业要求。而且，蓟马类害虫生物习性及生命活动的光致影响诱变因素的确定，还将为光致趋避推拉调控模式的实施提供理论依据。这种创新性的害虫灯光推拉防控方法，有可能大大提高害虫的防控效率和降低应用成本，并具有光对蓟马生物学功能的影响机制及视行为本质研究的理论意义和害虫灯光推拉防控应用的实用价值，将为农业植保生产向无害化和资源化的光电诱导捕集治理方向发展提供强有力的技术支撑，也为害虫灯光防治下植物保护及灯具布置策略的调整提供科学依据。

基于农业害虫绿色生态化防控治理、促进农业可持续发展的迫切需求，针对害虫光致趋光成因复杂性制约光物理绿色防控技术发展的“瓶颈”问题，进行昼行害虫西花蓟马与东亚飞蝗的趋光响应效应的研究，探索光致西花蓟马趋避推拉行为效应机制，查明西花蓟马与其他害虫行为朝向的趋避推拉性视敏色光光照特性差异，揭示光激发调控结果与蓟马类害虫生物效应致变性光行为活动影响的本质，建立趋避推拉性的色光耦合型光源机构，实施蓟马与不同种类害虫趋向相反操控增效性光调控措施，实现害虫朝向光源的可控杀灭和诱导防控，改善农业发展的生态环境，提升农业装备制造业自主创新能力和核心竞争力。

设计获得蓟马类害虫高效趋避性色谱光照光场条件、波谱光照类型以及推拉性光调控措施，需着重确定蓟马趋避性光照与色谱发光体耦合性协同叠加效应，以及色光视觉本质和光致蓟马生物学特性变化的影响因素。这些研究属于利用物理方法治理农业害虫的绿色农业工程技术领域，不仅涉及农业昆虫的趋光性研究，还涉及诱导光场设计的光学技术以及适用于灾害昆虫趋光诱导的光机电调控技术研究。

2

西花蓟马特异敏感性波谱光照物理特征的确定

昆虫趋光性是自然界最普遍的生物学现象之一[6]。研究昆虫对光信号响应的行为和生物习性机制，有助于提高害虫的灯光防治技术。灯光防治中，不同种属昆虫视觉系统的感光生理机制及生物行为习性差异，导致光照刺激引起视觉系统的明暗适应、视敏波谱特性、行为效应的不同，甚至生物生命活动发生变化，并伴随光致视觉光电转换效应、视敏接受调控效应、视神经兴奋及抑制效应等的不同[7]，而表现出光行为特性的可操控性，呈现出光致视觉行为习性及生命活动变化的影响机制被进一步揭示和有效利用的可能。

西花蓟马繁殖及世代更替快（图 3），难于防治，化学农药防治易引起其产生抗性，或喷不到虫体而见不到药效。近年来，针对蓟马类害虫复眼对色谱光照的生物响应特性进行了复眼视觉结构特征、光感受机制、色觉及光强度视觉等的趋性问题探讨，以期获得

图 3　西花蓟马的形态

蓟马类害虫灯光绿色防控技术，发挥抑制该类害虫暴发、控制虫口密度的持续治理作用，实现害虫农药防效经济阈值之下的绿色防控[8]。

蓟马类害虫以及蝗虫类害虫与重叠型像眼、夜行害虫的视感光机制及光生物行为特性显著不同[9]，难以利用夜行害虫趋光性波谱防控技术来治理。蓟马作为典型的微小植食类害虫，研究其趋光特性与夜行害虫及昼行害虫东亚飞蝗的趋光特性差异及诱因，可深入研究昆虫的趋光响应机制，揭示农业害虫的趋光机理及诱发因素。

东亚飞蝗对世界乃至我国农业粮食安全生产造成严重威胁，具有突发性、迁移性和毁灭性的特点[10]。西花蓟马在我国是严重危害作物的重大入侵害虫，具有隐蔽危害、繁殖力强的特点[11]。生产中防治这两类害虫过分依赖化学农药，为改变这一局面，提高害虫生物防治的效率和社会环境效益，利用光对害虫的生物操控效应，应用特定的光物理特征调控措施，实现害虫朝向光源的可控杀灭和预警防控，促进农业绿色发展。

蝗虫与蓟马具有类似的视敏特性，但蝗虫体型大（38～48mm）而蓟马体型微小（0.9～1.4mm），蝗虫小眼多（几千个）而蓟马小眼少（70～80 个），蝗虫易迁飞而蓟马善隐匿，表明二者的视敏特性具有一定的差异性[12]。因此，对比这两种害虫的光生物响应效应，确定波谱光质光照属性对蓟马与蝗虫群集习性的光作用特异性，明确二者趋光敏感因素的差异，可获得蓟马类害虫的光操控因素，为蓟马类害虫调控杀灭性光源防治技术的发展提供技术支撑。

2.1　东亚飞蝗光强度视觉的波谱光照响应表征及光活动效应测定

2.1.1　东亚飞蝗视觉吸收波谱的特异反应表征强度测试

为揭示异质波谱激发性蝗虫视反应强度及蝗虫视觉强度的诱发因素，明确蝗虫趋光生理调控性光活动特征，获得蝗虫趋光良好的波谱光照效应，解析光照度对蝗虫趋光效应的影响，以羽化一周内的东亚飞蝗健壮成虫为试虫，利用 AvaSpec 光纤光谱仪在 LED 异质波谱光照固定东亚飞蝗的视觉系统后，即时测试东亚飞蝗视觉吸收波谱的特异反应表征强度，如图 4 所示。

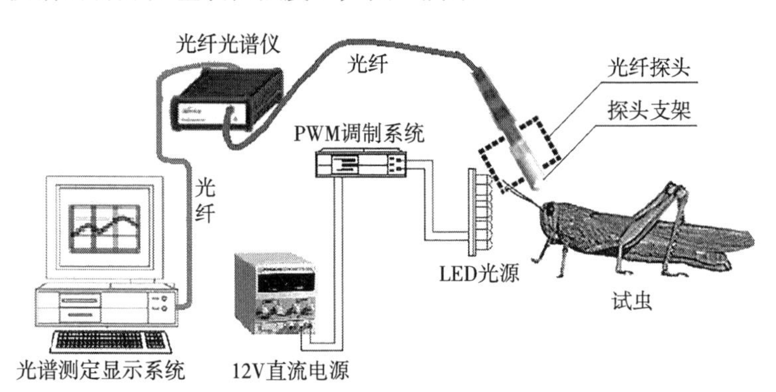

图 4　东亚飞蝗视觉吸收不同光照度波谱光的反应表征强度测试装置

测试中，选取活性较好的健康试虫 3 只，依次测试。试验用光照度由光照度计标定，紫外光（365nm）、紫光（405nm）光源为 1 000lx，橙光（610nm）、绿光（520nm）光源为 10 000lx，以及与 12V 电压供电的光源光照能量相同的光照度，分别为紫外光 1 500lx、紫光 2 000lx、橙光 43 100lx、绿光 64 600lx，以对比光照度不同时橙光、绿光与紫外光、紫光对东亚飞蝗视觉系统的作用效应。

试验时，首先利用 AvaSpec 光纤光谱仪测定试虫（测试前暗适应 30min）未接受光照刺激下的视觉特征，然后，利用 LED 光源照射对应试虫的视觉系统，其光照时间分别为 10min、20min、30min、40min、50min、60min，时间到达 60min 后关闭光源，即时测定东亚飞蝗视觉反应特征，光谱测定显示系统实时记录结果。试验前，依据夜间自然状态下的光源条件校正 AvaSpec 光纤光谱仪，避免其光照状态影响测试结果。试验中测试间隔为 30min，避免光照影响。异质波谱光照刺激东亚飞蝗复眼后，利用校正后的光谱仪系统测定东亚飞蝗视觉响应波谱特征。由于相同光照度下，短波长光（紫光、紫外光）的光能强于长波长光（绿光、橙光），为显示短波长光与长波长光的差异，选取 1 000lx、10 000lx 及额定光照度刺激结果分析东亚飞蝗的光强度视觉特征。

东亚飞蝗视觉系统吸收 1 000lx 的紫外光、紫光，10 000lx 的橙光、绿光光照的能量，在引起偏移光源主波长的发射波谱表征的视觉反应基础上，不同波谱光照致使东亚飞蝗视觉系统产生的波谱响应幅度时变特征显著不同。

紫外光光照时间为 50min 时波谱响应幅度最高，60min 低于 50min 时的波谱响应幅度，绿光光照时间为 40min 的波谱响应幅度最高，60min 的幅度最低，50min 的次低。紫光对应的波谱响应幅度随光照时间持续增大，而 40min、50min、60min 之间的波谱响应幅度峰值差异不大，且波谱响应幅度峰值在 10min、20min、30min 时明显，40min、50min、60min 时不明显。橙光对应的波谱响应幅度随光照时间直降并于 60min 降至最低，10min、20min、30min 时的波谱响应幅度峰值不明显且之间的差异不显著，而 40min、50min、60min 时的波谱响应幅度峰值非常明显。1 000lx 的紫外光、紫光与 10 000lx 的橙光、绿光相比，波谱响应幅度最大峰值差异不显著。东亚飞蝗视觉系统吸收不同波谱光照能量的视觉波谱响应幅度时变特征差异，源于东亚飞蝗对不同波谱光照能量激发的光敏调控效应。

光照能量相同的额定光照度刺激时，紫光、橙光、绿光刺激东亚飞蝗视觉系统，东亚飞蝗视觉状态呈现了视觉波谱响应幅度无峰值且时变幅宽递增特征，紫外光引起的视觉波谱响应幅度随光照时间递增且 30～60min 时波谱响应幅度差异不明显，10min 时波谱响应幅度峰值明显，20～60min 时的波谱响应幅度递增。不同光照时间，紫光、橙光、绿光引起的视觉波谱幅度差异不显著，其与30～60min 的紫外光相比，差异仍不显著，而且，10min 光照对应的幅宽以橙光最宽、绿光次之、紫光最窄，紫外光无对应的幅宽，光照时间递增至 60min 时幅宽递增，绿光最宽、紫光次之、紫外光最窄，且此时幅宽、幅度无明显差异。

对比可知：紫外光、紫光光照度由 1 000lx 分别增至 1 500lx、2 000lx，紫外光照激发东亚飞蝗视觉反应，表现为随时间增加而强度递增，且视觉调控力高于紫光而强度低于紫光；橙光、绿光光照度由 10 000lx 分别增至 43 100lx、64 600lx，东亚飞蝗视觉吸收橙光的反应敏感调控力随时间增加由低于绿光变为高于绿光；紫外光、紫光、橙光、绿光相比，视觉响应强度递增以紫外光的激发时间较长，光敏调控的引发时间以紫光较长，唤起东亚飞蝗视觉光敏反应的时间以橙光较长，而绿光易引起东亚飞蝗视觉反应的调控适应性。

2.1.2　视响应东亚飞蝗的光活动特征测定

利用 LED 波谱光照下视响应东亚飞蝗的光活动特征测定装置（图 5），以 4 组试虫分别对应紫外光、紫光、橙光、绿光波谱光照，测试趋光东亚飞蝗的光致性爬行活动率、拍翅率、响应率，以此分析东亚飞蝗对 LED 光源光照的视觉响应，明确趋光聚集至 LED 光源处东亚飞蝗的光致生物活动强度，确定东亚飞蝗视觉强度响应与诱导聚集性能良好的波谱光照特征，获得光照强化东亚飞蝗的光生物活性及调控东亚飞蝗光活动的最优刺激方式，探讨东亚飞蝗光致视觉强度与视激响应活动的内在关联。

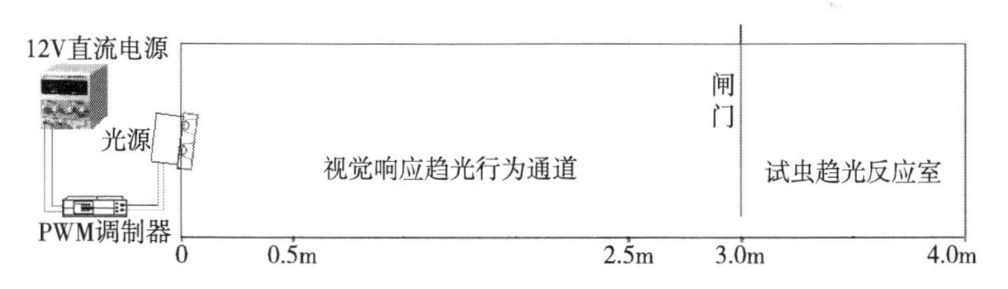

图 5　LED 波谱光照下视响应东亚飞蝗的光活动特征测定装置

试验前，80 只试虫置于趋光反应室暗适应 30min 后，开启光源及闸门进行 10min 光照的趋光光敏响应活动效应测定。试验中，单波谱光照对应的测试组测 3 次，测试间隔为 30min，并记录光照时间内拍翅虫数及 0～0.5m 内东亚飞蝗活动虫数，试验后，统计 3 次测试的 0～3.0m 区段内的虫数均值、光照试验中 0～3.0m 区段内拍翅虫数均值、0～0.5m 区段内活动虫数均值。利用活动率（0～0.5m 区段内活动虫数均值与 80 只虫数的百分比）、拍翅率（0～3.0m 区段内拍翅虫数均值与 80 只虫数的百分比）、响应率（3 次试验均值与 80 只虫数的百分比）来反映群体蝗虫光敏运动的响应效应及视响应程度，以 0.5～3.0m 区段内群体东亚飞蝗停滞响应时间反映蝗虫光感定位及光敏响应的光照时间刺激效应。

光照调节东亚飞蝗光敏运动响应及视觉响应程度如图 6 所示，相应的视觉响应时间如图 7 所示。

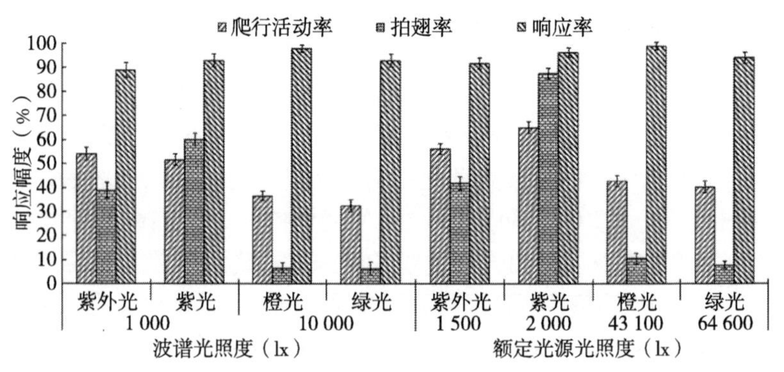

图 6　光照调节东亚飞蝗光敏运动响应及视觉响应

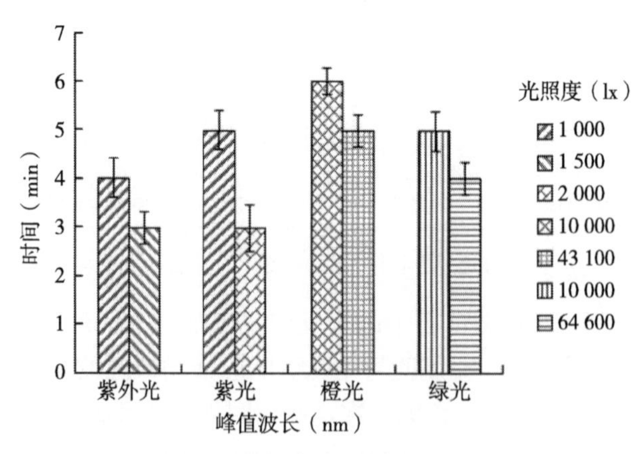

图 7　东亚飞蝗的视觉响应时间

1 000lx 的紫外光、紫光及 10 000lx 的橙光、绿光波谱光照下，东亚飞蝗的响应率以橙光最高，紫光及绿光相同且次之，紫外光最低；东亚飞蝗的爬行活动率以紫外光最高，紫光次之，绿光最低；东亚飞蝗的拍翅率以紫光最高，紫外光次之，橙光及绿光相同且最低（图 6）。不同波谱光照作用下，东亚飞蝗视觉响应时间以橙光最长、绿光次之、紫外光最短（图 7）。因此，光照波谱属性光致性视觉响应时间影响东亚飞蝗趋光响应程度及趋光活动效应，且橙光光致性趋光响应程度最优，紫外光导致东亚飞蝗 0～0.5m 处爬行活动响应最强，紫光对东亚飞蝗拍翅行为响应的激发作用最强。

光照度增至其额定光源光照度：紫外光及紫光作用下，光照强度增强，东亚飞蝗的响应率增强。橙光作用下东亚飞蝗响应率最高，紫光次之，紫外光最低；不同波谱光照作用下，光照强度增强，东亚飞蝗爬行活动率及拍翅率均增强，且紫光作用下增强性均最强；额定光照时，紫光作用下，东亚飞蝗爬行活动率及拍翅率均最高，紫外光作用下次高，绿光作用下最低。同时，光照强度增强，东亚飞蝗视觉响应光照刺激的反应敏锐性增强，且紫光作用下东亚飞蝗反应敏锐性的增强最显著且东亚飞蝗视觉响应时间最短，橙光作用下增强最不显著且视觉响应时间最长。因此，波谱光照强度增强，强化蝗虫趋光活动强度并与波谱属性有关，而蝗虫趋光响应程度与波谱光照光致视响应时间有关。

2.1.3 讨论

昆虫视觉系统中，狭窄的小眼起着光线的波导作用，并当光线通过晶状束壁时，波长较长的光线有不同程度的丧失，而且，光刺激信息对视觉系统的时间及空间的叠合作用，引起昆虫运动反应的潜伏性延搁，但光刺激强度与行为反应成正比，从而，光刺激引起昆虫逐渐建立起生理诱导状态，并直至达到某一阈值为止，且光对昆虫视觉系统内生物色素的激发作用，导致某些光与屏蔽色素的理化反应，致使视觉系统产生对应光波的微光[13]。

试验中，波谱光照刺激东亚飞蝗，其视觉状态产生了偏移光源主波长的波谱发射幅度响应，而视觉系统对不同波谱光照的吸收选择及光感反应特异性，以及视觉系统的色素及其构造对不同光照光子的吸收、折射及散射的差异[14]，制约了东亚飞蝗视觉持续吸收不同光照能量的反应强度，引起了表征视觉反应强度的视觉发射波谱响应幅度时变生理调控差异。1 000lx 紫外光及 10 000lx 橙光、绿光光照中，紫外光导致的视觉生理响应调控性较弱，橙光的视觉生理响应调控性较强，绿光引起了东亚飞蝗视觉光适应的调控响应特征，而紫光未能引起东亚飞蝗的这一变化，并呈现出视觉反应强度的时间递增特征。

东亚飞蝗视觉系统接受 2 000lx 紫光、43 100lx 橙光、64 600lx 绿光刺激，其视觉状态分别呈现对称于 400nm、604nm、525nm 的“窗口”性视觉饱和响应强度表征，并随光照时间增加，东亚飞蝗视觉生理调控钝化呈现视觉激发效应，而 1 500lx 紫外光照对应 20min 后呈现对称于 382nm 的“窗口”性视觉饱和响应强度表征及幅宽时变效应特征，表明东亚飞蝗接受紫外光而呈现视觉激发特性并具有刺激时间要求。因而，东亚飞蝗接受不同光照刺激的视觉调控敏锐性呈现光照时效差异，试验中，较短光照时间下，紫光引起东亚飞蝗的视觉调控敏锐性较强，橙光较弱，而较长光照时间下，紫外光较强，绿光较弱。

同时，结果表明，东亚飞蝗视觉吸收 1 500lx 紫外光照能量的视觉饱和反应具有时间延迟效应，并以 2 000lx 紫光激发东亚飞蝗视觉反应的敏感性较强，43 100lx 橙光致使东亚飞蝗视觉反应的响应程度较强，绿光较差，则光照强度能够弥补东亚飞蝗对不同波谱光照的敏感反应强度差异，使东亚飞蝗产生相同的视觉反应效果。东亚飞蝗响应不同光照的视觉光敏反应效应特征，以光照调节东亚飞蝗视觉响应的光敏活动效应中，东亚飞蝗视觉系统接受不同波谱光照刺激的趋光响应时间差异、光敏行为强度差异及视觉响应程度差异等趋光光敏特征体现。

对应的光照调节东亚飞蝗视觉响应的光敏趋光活动效应测定结果指出，10 000lx 橙光、绿光诱发东亚飞蝗视觉系统光敏反应的趋光响应效果优于额定光照的紫外光及紫光，并以橙光的诱导效果最优，在此基础上增强橙光、绿光光照度对提高东亚飞蝗的趋光响应效果不明显，但能够增效东亚飞蝗趋光行为的敏锐强度，而紫外光、紫光光照度增至额定光照度，紫光引起的光敏活动效应增效性最强，紫外光引起的趋光增效效果最优。因此，东亚飞蝗视敏波谱的光照阈值强度仅能够强化东亚飞蝗的光生物活性，其对趋光效果的增效性不显著。结果表明，2 000lx 紫光的激发效应较好，且增加光照时间，10 000lx 橙光、绿光刺激能够达到东亚飞蝗视觉吸收产生光敏响应的饱和度，而 1 500lx 紫外光及 2 000lx 紫光未能达到其饱和度。

2.2 橙光光致性视效应对东亚飞蝗视响应波谱光照的影响

为明确橙光照射后对蝗虫视响应紫光、蓝光、绿光光照的影响，以羽化一周内的东亚飞蝗健壮成虫为试虫，利用橙光光照后东亚飞蝗对不同波谱光照的视敏响应试验装置（图 8），测试 LED 橙光照射后，东亚飞蝗对紫光、绿光、蓝光光照的视响应效应，分析光刺激属性及波谱光照场景变化对东亚飞蝗趋光效应的影响，明确橙光照射时长对东亚飞蝗视响应效应的调控效应，探讨橙光光致性视状态对蝗虫视响应效应的作用机制，以获得蝗虫趋光效果增效的光照参量，以期为蝗虫趋光视觉机理研究和蓟马类害虫时序诱导调

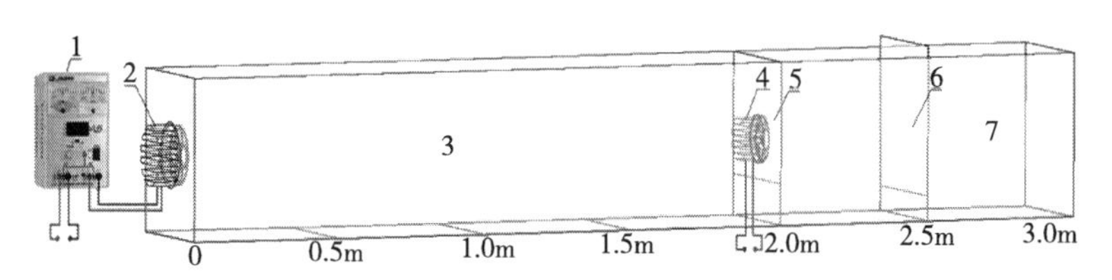

图 8 橙光光照后东亚飞蝗对不同波谱光照的视敏响应试验装置
1. 直流可调电源 2. LED 光源 3. 试虫视敏响应行为通道
4. LED 橙光光源 5. 闸门 1 6. 闸门 2 7. 试虫反应室

控光源研制提供技术支撑。

装置中，Φ55mm 圆形 LED 波谱光源，置于试虫视敏响应行为通道前端，形成紫光、蓝光、绿光（峰值波长：400nm、465nm、520nm）光照，调整电源，光照度计标定 100lx、1 000lx 光照度及 12V 电压时相同光照能量（$120mW/cm^2$）的紫光、蓝光、绿光照度，分别为 2 000lx、10 000lx、46 400lx。Φ55mm 圆形 LED 橙光光源（峰值波长：610nm），置于行为通道 2.0m 处，电源供电，光照度计标定 1 000lx 光照度及 12V 时 64 600lx 光照度（与 12V 时紫光、绿光、蓝光光照能量相同），以此确定橙光强度的光致时效敏感效应的影响程度。

2.2.1 试验过程

试验时，针对不同形式的试验光照，60 只试虫为一组测 3 次，取均值，以确定东亚飞蝗视敏响应的强化效果及波谱光照类型的视敏调控差异。试验前，试虫置于反应室内适应 30min。试验时，首先开启闸门 1 和闸门 2，在紫光、蓝光、绿光波谱单一光照的 1 000lx及 12V 电压时的光照度条件下，光照 10min，测试未照射橙光下试虫的视响应效应，其次，关闭闸门 1，开启橙光光源及闸门 2，针对橙光 1 000lx 及 12V 电压时的光照度，分别照射反应室内试虫 10mim、20min、30min、40min，时间到达后，关闭橙光光源并开启闸门 1 和 LED 光源，在紫光、蓝光、绿光光源的 1 000lx及 12V 电压时的光照度条件下，光照 10min，测试橙光照射后东亚飞蝗的视响应效应。试验后，统计虫数。

根据有橙光照射和无橙光照射，针对 0～0.5m、0～2.0m 内 3 次重复虫数均值与 60 只总虫数的百分比，分别定义为东亚飞蝗视趋强度、视响应程度（视响应效应），反映蝗虫对紫光、绿光、蓝光光照的视趋敏感性、视响应敏感性。计算有橙光照射下东亚飞蝗视趋强度、视响应程度分别与无橙光照射东亚飞蝗视趋强度、视响应程度的差值，以对比差值（D-value，绝对差值）反映有无橙光照射对东亚飞蝗视响应效应的调控。取橙光照射后东亚飞蝗视趋强度、视响应程度反映橙光照射时长的作用效果。试验数据采用 Excel 软件和 SPSS16.0 数据处理系统进行数据统计分析，不同光源处理间差异显著性（$p=0.025$）采用 F 测验，多重分析采用 LSD 测验。结果为均值百分比±标准误（SE）。

2.2.2　试验结果

橙光照射条件下，东亚飞蝗对紫光、蓝光、绿光视响应效应的对比结果分别如图 9、表 1、表 2 所示。

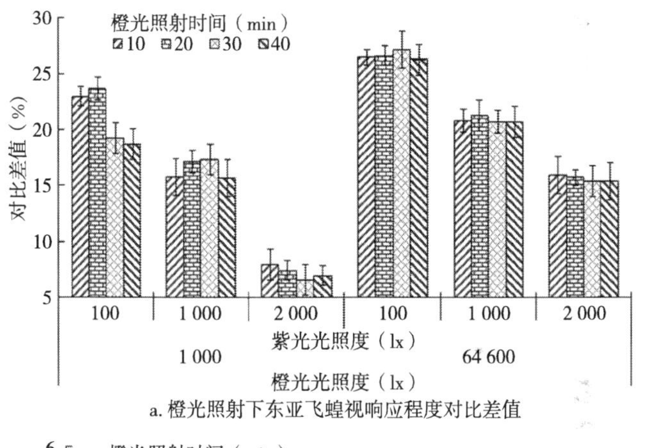

a. 橙光照射下东亚飞蝗视响应程度对比差值

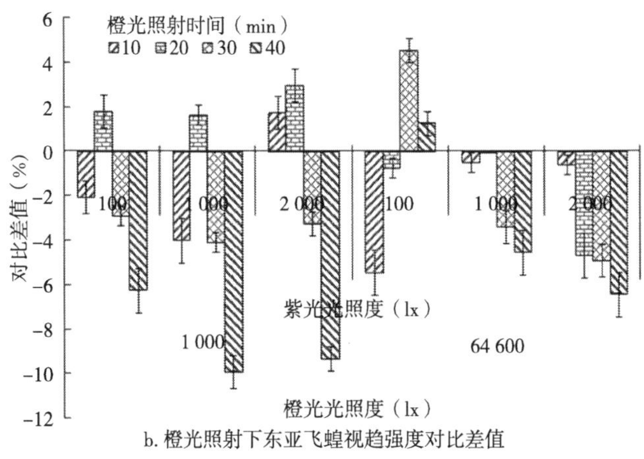

b. 橙光照射下东亚飞蝗视趋强度对比差值

图 9　橙光照射下东亚飞蝗对紫光视响应效应的对比差值

表 1　橙光照射下东亚飞蝗对蓝光视响应效应的对比差值

橙光光照度 (lx)	橙光照射时间 (min)	视响应程度对比差值（%）			视趋强度对比差值（%）		
		蓝光光照度（lx）			蓝光光照度（lx）		
		100	1 000	10 000	100	10 00	10 000
1 000	10	8.91±0.56a* A	8.91±0.96a* A	9.46±0.56a*** A	0.56±0.56a* A	1.67±0.96a*** A	1.11±0.56a*** A
	20	9.25±0.96aA	10.27±0.76abA	12.25±0.96b* A	1.11±0.96a* A*	5.01±0.96b# B*	4.45±0.56b*# B
	30	11.84±1.67abA	12.25±0.96bcA	14.47±0.56c** A	1.67±0.96a* A*	7.79±0.56b* cB*	6.12±0.96bc* B*
	40	12.80±0.56b* A	13.51±1.67c* A	14.74±0.96c** A	6.98±0.56b* A*	9.46±0.56c#** B* C	8.35±1.67c**# AC
64 600	10	12.80±0.56a*** A	12.50±0.96a** A	12.25±0.56aA	0.00±0.56a** A	1.67±0.96a*** A	2.23±1.11a* A
	20	20.04±0.96b* c** A*	15.03±1.11a* B	13.51±0.96aB*	3.90±0.96b*** A	5.56±0.56b* cA	4.45±0.56abA
	30	21.60±1.11bA*	20.04±0.96b*** A*	15.03±0.29aB*	5.56±0.56c*** A	7.79±0.56b*** A	7.24±0.15b* A
	40	16.66±0.96cA	14.74±0.29a * AC	13.63±0.27aBC	3.90±1.67b*** A	4.45±0.96c* A	2.23±0.56a* A

注：相同橙光光照度及相同蓝光光照度下，橙光照射不同时长之间，相同小写字母表示差异性不显著（$p>0.025$），不同小写字母表示差异性显著（$p<0.025$），不同小写字母上标 *、**分别表示差异性十分显著（$p<0.01$）、极度显著（$p<0.001$）。相同橙光光照度及时间下，不同蓝光光照度之间，相同大写字母表示差异性不显著（$p>0.025$），不同大写字母表示差异性显著（$p<0.025$）；*、#表示差异性显著（$p<0.01$），**表示差异性十分显著（$p<0.01$），***表示差异性极度显著（$p<0.001$）。

表 2 橙光照射下东亚飞蝗对绿光视响应效应的对比差值

橙光光照度（lx）	橙光照射时间（min）	视响应程度对比差值（%）			视趋强度对比差值（%）		
		绿光光照度（lx）			绿光光照度（lx）		
		100	1 000	46 400	100	1 000	46 400
1 000	10	6.75±0.96a* A**	4.45±0.96a* A*	−1.11±0.56a** B***	8.09±0.75a* A**	6.68±0.96a* A**	−1.11±0.56aB**
	20	6.12±0.56a* A**	2.23±0.56bB	−1.52±1.01a** bC**	6.25±0.96abA**	5.57±0.56abA**	−1.48±0.74aB**
	30	5.57±0.96aA***	1.11±0.56b* B***	−4.45±0.56b* C**	6.25±0.96abA**	3.79±0.45bcA**	−3.04±0.30aB**
	40	2.60±0.74b* A**	0.56±0.56b* A**	−8.35±0.96c*** B**	3.46±0.56b* A**	2.99±0.35c* A**	−4.90±0.96aB**
64 600	10	2.78±0.74aA**	2.60±0.96aA**	−6.40±0.47aB**	2.97±0.56a*** A*	5.70±0.49a* A**	−3.95±0.96aB***
	20	4.64±0.37aA**	2.78±0.37aA**	−3.34±0.96bB**	8.91±0.96b*** A**	7.45±0.96a* bA**	−3.34±1.67acB**
	30	5.01±0.96aA**	2.97±0.56aA*	−3.17±0.82bB***	10.21±0.96b** A**	9.46±0.56b*** A**	−0.37±0.37bB**
	40	1.99±1.11aA	1.81±0.93aA	−5.90±0.56bB	2.23±0.93a** A	1.48±0.96c*** A	−0.93±0.49bcA

注：相同橙光光照度及相同绿光光照度下，橙光照射不同时长之间，相同小写字母表示差异性不显著（$p>0.025$），不同小写字母表示差异性显著（$p<0.025$），不同小写字母上标 * 、**分别表示差异性十分显著（$p<0.01$）、极度显著（$p<0.001$）。相同橙光光照度及时间下，不同绿光光照度之间，相同大写字母表示差异性不显著（$p>0.025$），不同大写字母表示差异性显著（$p<0.025$）；* 、# 表示差异性显著（$p<0.01$），**表示差异性十分显著（$p<0.01$），***表示差异性极度显著（$p<0.001$）。

由图 9a 可知：橙光照射时长及光照度相同，紫光光照度增强，对比差值降低，橙光照射后东亚飞蝗视响应程度的增效性降低（$p<0.025$）；紫光光照度相同，橙光照射不同时长的增效性不显著（$p>0.025$），且 64 600lx 橙光的增效性强于 1 000lx 橙光的增效性（$p<0.01$）。由图 9b 可知：橙光为 1 000lx 时，橙光 20min 照射时长增效东亚飞蝗对紫光的视趋强度，而橙光 10min 照射时长增效东亚飞蝗对 2 000lx 紫光的视趋强度，且其增效差异性不显著（$p>0.025$）；紫光为 2 000lx 时，橙光 20min 照射的增效性最强（2.97%）。橙光为 64 600lx 时，光照 30min 及 40min 增效东亚飞蝗对 100lx 紫光的视趋强度，且 30min 的增效性（4.54%）优于 40min（$p<0.025$）；1 000lx 及 64 600lx 橙光其余照射时长均抑制东亚飞蝗的视趋强度，且紫光为 1 000lx 时，1 000lx 橙光 40min 照射时长的抑制性最强（−9.90%）。结果表明，64 600lx 橙光对东亚飞蝗视响应程度的增效效果优于 1 000lx 橙光，而 1 000lx 橙光对东亚飞蝗视趋强度的调控效果强于 64 600lx 橙光，且橙光强度决定其照射时长对视响应程度的增效强度，而橙光照射时长调控东亚飞蝗对紫光的视趋强度。

由表 1 可知，1 000lx 橙光照射，当蓝光为 10 000lx 时，橙光不同照射时长对东亚飞蝗视响应程度及视趋强度的增效差异性最显著（视响应程度：$df=3$，$F=18.25$，$p=0.001$；视趋强度：$df=3$，$F=20.00$，$p<0.000\ 1$），而增效性在 40min 时最强。64 600lx 橙光照射，蓝光为 100lx 时，橙光不同时长增效差异性十分显著（视响应程度：$df=3$，$F=15.201$，$p=0.001$；$df=3$，$F=37.667$，$p<0.001$），而增效性在 30min 时最强，且其对视响应程度的增效性优于 1 000lx 橙光 40min 照射时长，对视趋强度的增效性差于 1 000lx 橙光 40min 时长。

蓝光光照度不同，橙光照射时长相同，1 000lx 橙光照射对视响应程度、64 600lx 橙光对视趋强度的增效差异性不显著（$p>0.025$），而 1 000lx 橙光对视趋强度、64 600lx 橙光对视响应程度的增效差异性显著不同，且 30min 时长的差异性最显著（$p<$

0.01）。结果表明，蓝光为 100lx 时，64 600lx 橙光照射对视响应程度的增效性最强，而蓝光为 1 000lx 时，1 000lx 橙光照射对视趋强度的增效性最强。

绿光光照度相同，橙光不同照射时长对视响应效应的调控差异性显著不同（表 2），且 1 000lx 橙光条件 46 400lx 绿光对东亚飞蝗视响应程度的调控差异性显著（$df=3$，$F=17.359$，$p=0.001$），1 000lx 橙光条件 1 000lx 绿光（$df=3$，$F=7.188$，$p=0.012$）、64 600lx 橙光条件 100lx 绿光（$df=3$，$F=28.922$，$p<0.0001$）对东亚飞蝗视趋强度的调控差异性最显著。绿光为 100lx 及1 000lx 时，1 000lx 橙光 10min、64 600lx 橙光 30min 对东亚飞蝗视响应程度、视趋强度的增效性最强，且绿光为 46 400lx 时，对东亚飞蝗视响应程度、视趋强度的抑制性最弱。绿光光照度不同，橙光照射时长相同，64 600lx 橙光 40min 照射时长对视响应程度（$df=2$，$F=6.81$，$p=0.029$）、视趋强度（$df=2$，$F=3.509$，$p=0.098$）的调控差异性最不显著。

由图 9 和表 1 及表 2 结果可知：64 600lx 橙光照射 30min 条件下，100lx 紫光对东亚飞蝗视响应程度的增效性最强（27.23%、4.54%）；橙光增效东亚飞蝗对蓝光的视响应效应，且 64 600lx、1 000lx 橙光分别照射 30min、40min 后，其分别导致东亚飞蝗对 100lx 蓝光的视响应敏感性增效性最优（21.60%）、对 1 000lx 蓝光的视趋敏感性增效性最优（9.46%）；橙光增效东亚飞蝗对 100lx 及 1 000lx 绿光的视响应效应，抑制对 46 400lx 绿光的视响应效应，且绿光为 100lx 时，1 000lx 橙光 10min 照射对东亚飞蝗的视响应程度、64 600lx 橙光 30min 照射对东亚飞蝗视趋强度的增效性分别最强（6.75%、10.21%）。

橙光照射后，东亚飞蝗对紫、蓝、绿光的视响应效应分别如表 3 至表 5 所示。

1 000lx 橙光照射后，由表 3 可知，紫光强度不同，橙光照射时长相同，100lx 及 1 000lx 紫光对东亚飞蝗的视响应程度优于 2 000lx 紫光，且橙光照射 30min 时长后，东亚飞蝗的视响应敏感

表 3　橙光照射后东亚飞蝗对紫光的视响应效应

橙光光照度(lx)	照射时间(min)	视响应程度(%)			视趋强度(%)		
		紫光光照度(lx)			紫光光照度(lx)		
		100	1 000	2 000	100	1 000	2 000
1 000	10	85.73±0.56a* A*	84.06±0.56aAB	81.83±0.96aB*	33.50±0.96a* A**	36.18±0.56a* A**	45.00±0.96a* ** B**
	20	86.28±0.96a* A	85.73±1.11aA	82.50±1.67aA	37.58±0.96b* ** A	41.75±0.96b*** B*	46.22±0.96a*** A*
	30	81.83±1.67b* A	86.00±0.96aB*	81.27±0.56aA*	32.29±0.56a* cA***	36.18±0.56a* B*	40.08±1.67b* C***
	40	81.27±0.56b* A	83.50±0.96aA	81.00±0.96aA	29.50±0.56c* ** A*	30.62±1.11c*** A	33.96±0.56c* ** B*
64 600	10	89.62±0.56aA	89.62±0.56aA	90.18±0.96aA	30.62±1.11a*** A***	37.85±0.56abB*	42.60±0.96a* C**
	20	89.62±1.11aA	90.18±0.96aA	89.62±1.11aA	35.07±0.96b* A	40.08±0.96a* B	38.41±1.11bB
	30	90.18±0.96aA	89.62±0.56aA	89.50±0.96aA	40.25±0.96c** A	36.74±1.11bA	38.11±0.80b* A
	40	89.07±0.56aA	89.62±0.96aA	89.62±0.56aA	37.20±0.56b* cA	35.63±0.56b* A	36.64±0.96b* A

注：相同橙光光照度及相同紫光光照度下，橙光照射不同时长之间，相同小写字母表示差异性不显著（$p>0.025$），不同小写字母表示差异性显著（$p<0.025$），不同小写字母上标 *、**分别表示差异性十分显著（$p<0.01$）、极度显著（$p<0.001$）。相同橙光光照度及时间下，不同紫光光照度之间，相同大写字母表示差异性不显著（$p>0.025$），不同大写字母表示差异性显著（$p<0.025$）；*、# 表示差异性显著（$p<0.01$），**表示差异性十分显著（$p<0.01$），***表示差异性极度显著（$p<0.001$）。

表 4 橙光照射后东亚飞蝗对蓝光的视响应效应

橙光光照度（lx）	照射时间（min）	视响应程度（%）			视趋强度（%）		
		蓝光光照度（lx）			蓝光光照度（lx）		
		100	1 000	10 000	100	1 000	10 000
1 000	10	66.24±0.56a* A*	71.81±0.96a* B*	72.92±0.96a* B*	23.94±0.56a*** A***	30.99±0.49a*** B**	30.06±0.96a** B*
	20	66.80±0.96abA*	72.92±1.67bB*	73.48±0.56aB*	26.16±0.96a* bA***	32.56±0.96a* B*	35.63±0.56b*** C**
	30	69.58±0.56bcA***	75.70±0.56b* cB*	76.82±0.96b* B**	28.39±0.96bc* A**	35.63±0.56b* B**	37.11±0.11b** cB**
	40	70.14±1.67c* A*	76.26±0.56c* B*	78.49±0.98b* B*	32.62±0.56c*** A**	37.48±0.37b*** B**	38.97±0.56c*** B**
64 600	10	69.03±0.56a*** A***	76.26±0.96aB**	75.15±0.96a* B*	25.05±0.96a*** A*	30.06±0.96a* B	33.21±1.48aB*
	20	77.01±1.67b** A	77.01±0.98aA	77.75±0.37aA	28.94±0.56b* A*	33.12±0.56abB*	35.07±0.96abB*
	30	77.38±0.96b** A	77.75±0.96aA	81.16±0.96b* A	30.56±0.96c** A*	35.07±0.96b* AB	39.00±0.96bB*
	40	73.48±0.96c* A*	77.38±0.56aB*	77.38±0.56a* B*	28.94±0.56b* A*	30.06±0.96a* A*	35.07±1.67abB*

注：相同橙光光照度及相同蓝光光光照度下，橙光照射不同时长之间，相同小写字母表示差异性不显著（$p>0.025$），不同小写字母表示差异性显著（$p<0.025$），不同小写字母上标 *、**分别表示差异性十分显著（$p<0.01$）、极度显著（$p<0.001$）。相同橙光光照度及时间下，不同蓝光光照度之间，相同大写字母表示差异性不显著（$p>0.025$），不同大写字母表示差异性显著（$p<0.025$）；*、# 表示差异性显著（$p<0.01$），**表示差异性十分显著（$p<0.01$），***表示差异性极度显著（$p<0.001$）。

表 5　橙光照射后东亚飞蝗对绿光的视响应效应

橙光光照度（lx）	照射时间（min）	视响应程度（%）			视趋强度（%）		
		绿光光照度（lx）			绿光光照度（lx）		
		100	1 000	46 400	100	1 000	46 400
1 000	10	68.47±0.96aA	71.81±0.96a* B	71.25±0.96a** B	30.62±0.56a* A***	37.11±0.37a* B***	33.85±0.67aC*
	20	66.76±1.01aA	69.73±0.56bAC	69.03±0.71a** bBC	28.53±1.01abA*	35.63±0.56abB*	32.56±0.96abB
	30	66.76±0.56aA	68.47±0.56b* cA	67.91±0.96b* A	28.53±1.01abA*	34.51±1.21abB* C	31.45±0.56abAC
	40	63.46±0.96aA	67.36±0.96c* B	64.16±0.71c*** B	26.16±0.56b*** A***	33.12±0.56b* B**	30.06±0.96bC*
64 600	10	63.46±0.96a** A*	69.58±0.56aB*	66.24±0.56a* cA	25.05±0.96a* A* *	36.18±0.56a*** B***	31.17±0.96aC*
	20	66.24±0.71aA*	69.73±0.41aB*	69.58±0.96b* B*	31.66±0.91b* A*	37.85±0.96ab** B*	31.47±0.78acA*
	30	67.25±0.56ab*** A	69.73±0.71aA	69.58±0.56b* A	32.56±0.56b** A*	39.93±0.95b* B*	34.79±0.28bA*
	40	64.16±0.71a* A*	68.92±0.96aB*	66.73±0.91bcB	24.49±0.56a** A***	32.22±0.49c*** B*	34.51±1.21bcB**

注：相同橙光光照度及相同绿光光照度下，橙光照射不同时长之间，相同小写字母表示差异性不显著（$p>0.025$），不同小写字母表示差异性显著（$p<0.025$），不同小写字母上标 * 、** 分别表示差异性十分显著（$p<0.01$）、极度显著（$p<0.001$）。相同橙光光照度及时间下，不同绿光光照度之间，相同大写字母表示差异性不显著（$p>0.025$），不同大写字母表示差异性显著（$p<0.025$）；* 、＃表示差异性显著（$p<0.01$），** 表示差异性十分显著（$p<0.01$），*** 表示差异性极度显著（$p<0.001$）。

性差异性最显著（$df=2$，$F=9.267$，$p=0.015$）。1 000lx 橙光照射强化蝗虫对 100lx 及 1 000lx 紫光的视响应敏感性，且紫光为 100lx、1 000lx 时，1 000lx 橙光分别照射 20min、30min 后，其强化效果最优（86.28%、86.00%）。64 600lx 橙光不同时长照射后，东亚飞蝗对不同光照度紫光的视响应程度为 89.07%～90.18%（$p<0.025$）。

东亚飞蝗对紫光的视趋强度（表 3）中：1 000lx 及 64 600lx 橙光照射 40min 后，蝗虫对不同强度紫光的视趋敏感性差异最不显著（$df=2$，橙光 $F_{1\,000lx}=8.667$，$p=0.017$；橙光 $F_{64\,600lx}=1.227$，$p=0.358$）；1 000lx、64 600lx 橙光不同时长照射后，东亚飞蝗对 100lx（$p=0.001$）紫光的视趋强度最不显著。

由表 4 可知，橙光照射时长不同而蓝光强度相同，1 000lx 橙光照射 40min 条件下 10 000lx 蓝光（视响应程度，$df=3$，$F=9.067$，$p=0.006$；视趋强度，$df=3$，$F=34.953$，$p<0.0\,001$），64 600lx橙光照射 30min 条件下 1 000lx 蓝光（视响应程度，$df=3$，$F=19.262$，$p=0.001$；视趋强度，$df=3$，$F=15.108$，$p=0.001$）对东亚飞蝗的视响应效应的影响差异性最显著。

橙光照射时长相同而蓝光光照度不同，橙光不同光照度的作用差异性不同，且64 600lx 橙光 20min、30min 照射时长对视响应程度（$df=2$，$F=0.267$，$p=0.774$）、视趋强度（$df=2$，$F=9.265$，$p=0.015$）的影响最不显著，而1 000lx 及64 600lx 橙光照射后，东亚飞蝗对10 000lx 蓝光的视响应效应最优。

由表 5 可知，绿光光照度相同，橙光照射时长不同，1 000lx、64 600lx 橙光照射前提下对东亚飞蝗照射 1 000lx 绿光（$df=3$，$F=18.428$，$p=0.001$）的视响应程度的作用差异性最显著，而 64 600lx 橙光照射前提下对东亚飞蝗照射 1 000lx 绿光的视趋强度的作用差异性最显著（$df=3$，$F=24.913$，$p<0.000\,1$）1 000lx、64 600lx 橙光分别照射 10min、30min 后，东亚飞蝗的视响应效应较优，且 1 000lx 橙光 10min 照射时长对视响应程度、视趋强度的作用效果分别优于、差于 64 600lx 橙光 30min 照射。绿

光光照度不同，橙光照射时长相同，1 000lx 及 64 600lx 橙光 30min 照射时长对视响应程度的作用差异性不显著（$p>0.025$），其余照射时长对视响应程度的作用差异性显著（$p<0.025$），而 1 000lx及64 600lx 橙光照射后，东亚飞蝗对 1 000lx 绿光的视响应效应最优。

由表 3 至表 5 结果可知：64 600lx 橙光照射 30min 后，东亚飞蝗对 100lx 紫光的视响应敏感性最优（90.18%），而 1 000lx 橙光照射 20min、10min 后，其分别导致东亚飞蝗对 2 000lx 紫光的视趋敏感性最优（46.22%）、次优（45%），并优于无橙光照射下的最优视趋强度（紫光 2 000lx：43.25%）。64 600lx 橙光照射 30min 后，东亚飞蝗对 10 000lx 蓝光的视趋强度（39.00%）、视响应程度最优（81.16%），1 000lx 橙光 40min 照射效应次之；1 000lx 橙光 10min、64 600lx 橙光 30min 照射后，东亚飞蝗对 1 000lx 绿光的视响应程度（71.81%）、视趋强度（39.93%）最优，其分别低于、高于无橙光下东亚飞蝗对 46 400lx 绿光的视响应程度（72.55%）、视趋强度（35.00%）。

2.2.3 讨论

研究表明，波谱光照光致昆虫昼眼和夜眼的转化状态显著影响趋光强度，且波谱光照长时间刺激，易引起视觉明适应状态，制约趋光效果[15]。但本研究表明，橙光照射后，橙光光致性视觉状态强化东亚飞蝗对紫光的视敏性，增效东亚飞蝗对蓝光而调控东亚飞蝗对绿光的趋光敏感性，其源于橙光不同光照度照射时长对东亚飞蝗视敏波谱光照的调控性。由于蝗虫视觉系统中的感光色素、屏蔽色素、光敏色素的协同作用能够使蝗虫快速适应场景的变化[16,17]，因而，刺激场景由橙光变为紫、蓝、绿光后，蝗虫对光场变化的视敏应激调控性可改变蝗虫对紫、蓝、绿光的视响应敏感性。但蝗虫对紫、蓝、绿光的视敏本质属性，决定橙光照射效应的调控及作用效果，并以橙光强度影响其照射时长增效性体现。从而，在蝗虫光电诱导实践中，利用橙光光致性视状态对蝗虫趋光的增效及强化性，橙光时效诱导照射后，进行视敏波谱（如紫光）适时性激发，有利于蝗虫趋光效果的提高。

研究表明，昆虫视觉系统明暗适应转换时间为 30min，并因昆虫种属及波谱属性而略有差异[18]。结果表明，橙光照射后的增效性中，1 000lx 橙光增效东亚飞蝗视敏响应蓝、绿光的照射时长分别最长（40min）、最短（10min），64 600lx 橙光增效较强的时长均为 30min。而且，紫、绿光增至光照能量相同的光照度时，橙光抑制东亚飞蝗对绿光的视响应效应，而紫光弱化橙光对视响应程度的增效性，且 64 600lx 橙光抑制东亚飞蝗对紫光的视趋强度。但橙光照射时长的增效性未反映橙光作用东亚飞蝗视响应效应的最优效果，试验结果中，其当 64 600lx 橙光照射 30min 后，东亚飞蝗对 100lx 紫光的视响应程度最优，而 1 000lx 橙光照射 20min 后，东亚飞蝗对 2 000lx 紫光的视趋强度最优。因而，橙光强度调控其照射时长对东亚飞蝗视响应效应的增效效应，源于橙光光致性东亚飞蝗视状态对视敏波谱的敏感辨识性，而橙光对视趋强度的作用效果取决于东亚飞蝗视敏波谱属性的激发强度，其可能源于橙光光致性视状态对刺激场景变化产生的拮抗选择性[19]。

同时，研究表明，昆虫的视觉器官对紫外、蓝、绿光区域具有特定的生理反应，且橙光光照适应后，蝗虫对紫、绿、蓝光波谱呈现视觉电位敏感峰值，但大多数研究未明确橙光对蝗虫视响应偏好的影响效应[20]。本研究明确指出，橙光照射后能够增强东亚飞蝗对紫、蓝光而抑制对绿光的视响应程度，且橙光对东亚飞蝗视响应紫光的强化作用效果最强，导致东亚飞蝗对紫光的视响应效应相对较优，其源于橙光光致的视刺激状态下光照刺激变化诱发的胁迫性视敏辨识差异效应，以及光刺激对东亚飞蝗体内乙酰胆碱酯酶（AChE）活性的光致影响差异[21]。因此，橙光照射时长光致性视敏生物效应，强化东亚飞蝗视响应行为调控适应刺激场景的变化，并引起趋光视觉视敏性发生变化，但紫、蓝、绿光光致性视状态及内在趋光生理转化程度的差异效应是橙光光照度影响其照射时长增效及强化效果差异的原因。

2.3 西花蓟马对异质波谱光照的特异性视敏效应

为明确光照波长对西花蓟马视觉敏感性的影响，确定西花蓟马视敏性较强的光照波长及西花蓟马视行为变化的光致机制，本研究以蔬菜花卉示范基地内繁殖3～4代且羽化1～2日龄的西花蓟马健壮雌成虫为试虫，利用西花蓟马对不同光谱的视选择响应测定装置（图10），测试西花蓟马对不同波长光的视觉选择响应效应，筛选西花蓟马视选择敏感性光谱。

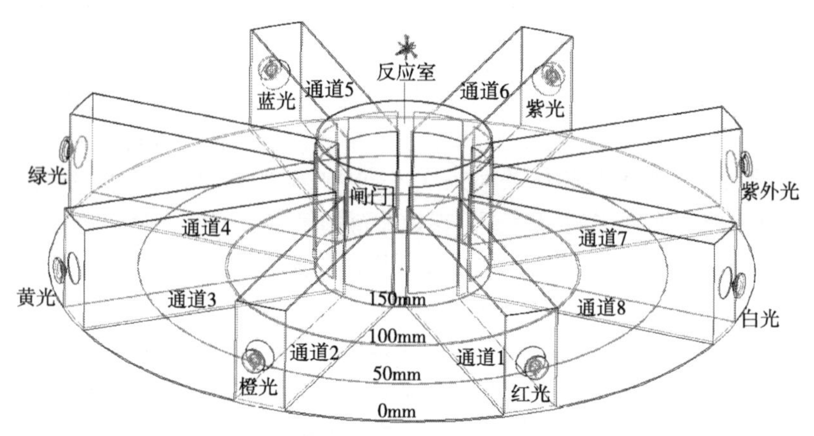

图10 西花蓟马对不同光谱的视选择响应测定装置

2.3.1 试验过程

装置放置在圆形平台上，8个通道（长×宽×高为150mm×30mm×60mm）与圆形反应室相连，由闸门隔开。通道1～8划分为3个区段，并标记为0mm、50mm、100mm和150mm，以此识别西花蓟马视觉选择响应。红（660nm）、橙（610nm）、黄（560nm）、绿（520nm）、蓝（465nm）、紫（405nm）、紫外（365nm）和白色（复合波长）光谱的LED光源分别置于通道1～8的前端，形成西花蓟马视选择响应光照。试验用光照度由照度计（型号：TES-

1335、分辨率：0.01lx）分别设定为 6 000lx 和12 000lx；试验用辐照光能由辐照计（型号：FZ-a；分辨率：±5%）分别设定为 60mW/cm^{2}和 120mW/cm^2。以 30 只西花蓟马雌成虫为一组，对应不同光照度和光照能量，分别备 3 组试虫并在试验前进行 30min 的暗适应，并在（25±1）℃的黑暗环境中测定西花蓟马的视选择响应效果。

根据上述试验结果，将 LED 的光谱分别设为 2 组：红、橙、白光；黄、绿、紫、紫外光。利用图 11 的装置测试西花蓟马对不同光谱的视选择效果。该装置由 2 个通道（长×宽×高为 150mm×30mm×60mm）和 1 个圆形反应室（Φ100mm×80mm）组成，二者之间用了闸门来避免光的干扰。通道标记为 0mm、50mm、100mm 和 150mm 四个区段，以此分析西花蓟马的视响应效应。光谱不同的 LED 光源分别放置在两个通道的前端，且不同配对光谱分别标记为：红 vs. 橙、红 vs. 白、橙 vs. 白、黄 vs. 绿、黄 vs. 紫、黄 vs. 紫外、绿 vs. 紫、绿 vs. 紫外、紫 vs. 紫外。

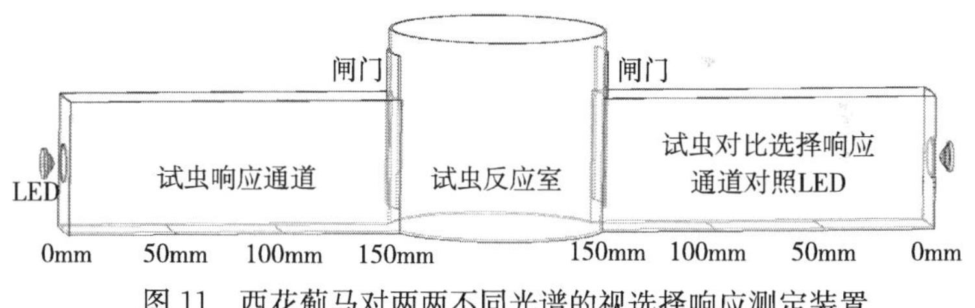

图 11 西花蓟马对两两不同光谱的视选择响应测定装置

在相同光照度（6 000lx，12 000lx）或光能（60mW/cm^2，120mW/cm^2）下，针对每一光照参数，3 组西花蓟马暗适应 30min 后，在（25±1）℃黑暗中测定西花蓟马对两两不同配对光谱光照的视选择响应效果。

2.3.2 试验数据处理与分析

依据各通道内单组西花蓟马在 0～150mm 和 0～50mm 的分布数量，分别计算其与 30 只西花蓟马的百分比，并计算 3 组试验的均值百分比，以此分析西花蓟马的视选择响应效应（西花蓟马的选择敏感性、趋近选择敏感性）。试验1和试验2中，利用西花蓟马视选择响应率（0～150mm处的平均百分比,%）反映西花蓟马对不同光谱的选择敏感性（西花蓟马的选择响应程度）。利用趋近率（%）反映西花蓟马的趋近敏感性（强度），试验1中趋近率为0～50mm处西花蓟马数量均值百分比与0～150mm处数量均值百分比的比值百分比，而试验2中趋近率为0～50mm处西花蓟马数量均值百分比。试验2中，趋近对比率（%）、响应对比率（%）是一个通道区段内（0～50、0～150mm）西花蓟马数量均值百分比减去另一个通道对应区段内西花蓟马数量均值百分比计算所得结果，以此反映西花蓟马对两个不同光谱的对比选择效果差异。总趋近率（%）、总响应率（%）是各通道0～50、0～150mm内西花蓟马数量均值百分比的和，以此分别反映西花蓟马的总趋近敏感性、总响应敏感性。

采用一般线性模型分析比较各LED诱导的西花蓟马均值百分比，并采用差异水平 $p=0.025$ 的LSD试验进行多重分析。试验1、试验2中在差异水平 $p=0.025$ 上采用 t 检验进行相同光谱的两个不同光照度、相同光照度的两个不同光谱处理间的差异显著性分析。试验数据采用Excel软件和SPSS16.0数据处理系统进行统计分析。试验结果为均值±标准误（SE）。

西花蓟马选择响应每种光谱的测试结果如表6所示。

表6 西花蓟马对不同波谱的视选择响应率（%）

光谱	光照度（lx）		光照能量（mW/cm²）	
	6 000	12 000	60	120
红	1.11±1.11a*A	2.22±1.11aA	1.11±1.11aA	2.22±1.11a*A
橙	4.44±1.27a△A	4.60±1.11aA	3.33±1.11aA	2.22±1.11a*A
黄	16.65±1.92g#☆A	21.09±1.11bA	19.98±1.92b*△A	16.67±1.92bcA
绿	12.21±1.11c#hiA	15.54±1.11cA	9.99±0.00c#※A	12.21±1.11b※△*A
蓝	9.99±1.11d*△hiA	8.88±0.00d*△A	7.78±1.11cdA	6.67±1.92a△A

（续）

光谱	光照度（lx）		光照能量（mW/cm²）	
	6 000	12 000	60	120
紫	22.20±1.11e☆A*	14.44±1.11c*B*	25.46±1.08e*A	19.99±1.92c#A
紫外	14.44±1.1fgijA	15.54±0.54c△A	15.54±1.11f△#A	14.43±1.12bcA
白	1.11±1.11aA	2.22±1.11aA	4.44±1.11a*dA	3.33±2.22aA

在相同光照度下，西花蓟马的选择响应率显著不同（$F_{6\,000lx}=40.75$，$df=7$，$p<0.001$；$F_{12\,000lx}=73.487$，$df=7$，$p<0.001$；$F_{60mW/cm^2}=65.635$，$df=7$，$p<0.001$；$F_{120mW/cm^2}=15.878$，$df=7$，$p<0.001$）（表 6）。西花蓟马对红、橙和白光的选择敏感性较差，而对黄、绿、紫和紫外光的选择敏感性较好。从而，光谱决定西花蓟马的视选择敏感性。

由于西花蓟马对红、橙、蓝和白光没有显示趋近敏感性，本研究仅计算了西花蓟马对黄、绿、紫、紫外光的趋近率（表 7）。西花蓟马对黄、绿、紫、紫外光的趋近敏感性表现出极度差异显著性（$df=3$，$p<0.001$，$F_{6\,000lx}=86.90$；$F_{12\,000lx}=106.25$；$F_{60mW/cm^2}=321.43$；$F_{120mW/cm^2}=452.43$）。光照度下西花蓟马对紫光和光能下西花蓟马对紫外光的趋近敏感性最强。结果进一步表明，光照度增强致使西花蓟马对紫光和紫外光的趋近敏感性增强，而对黄光的敏感性减弱。但光照能量增强致使西花蓟马对紫光和紫外光的趋近敏感性减弱。因此，光刺激属性影响西花蓟马对光谱光的趋近敏感性。

表 7　西花蓟马对黄、绿、紫、紫外光的趋近率（%）

光谱	光照度（lx）		光照能量（mW/cm²）	
	6 000	12 000	60	120
黄	17.45±0.74aA	14.85±0.96aA	0.00±0.00aA	0.00±0.00aA
绿	0.00±0.00bA	0.00±0.00bA	0.00±0.00aA	0.00±0.00aA
紫	44.8±2.26cA	52.32±2.16cA	52.65±0.99bA	23.72±0.64bB
紫外	31.50±3.36dA	35.52±3.78dA	61.65±1.37cA	33.28±1.46cB

西花蓟马对白、红、橙光不同配对间的对比选择效果如图 12 所示。西花蓟马对不同配对光谱光的总响应程度无显著差异（$df=2$，$F_{6\ 000lx}=1.657$，$p=0.267$；$F_{12\ 000lx}=1.482$，$p=0.300$；$F_{60mW/cm^2}=0.439$，$p=0.664$；$F_{120mW/cm^2}=0.281$，$p=0.764$）（图 12a)，而当光照强度增强时，总响应率提高 5%左右。

红 vs. 白和橙 vs. 白波谱光对照条件下，西花蓟马对橙、白光的选择敏感性分别优于红、橙光（$df=2$，$p<0.001$，$F_{6\ 000lx}=51.883$；$F_{60mW/cm^2}=49.96$；$F_{120mW/cm^2}=78.017$，$p<0.01$；$F_{12\ 000lx}=33.433$，$p<0.01$）（图 12b)。6 000lx 和12 000lx 条件下，西花蓟马对白 vs. 红光（$F=27.05$，$p=0.007$)、白 vs. 橙光（$F=12.50$，$p=0.024$）的响应对比率有显著差异，而当光能从 60mW/cm^2 增加到 120mW/cm^{2}时，西花蓟马对白 vs. 红光、白 vs. 橙光的响应对比率分别增加到 7.74%、2.23%，对橙 vs. 红光减少到 41.06%。这些结果表明，西花蓟马对红光的敏感性最差，其次是橙光。

红 vs. 白和橙 vs. 白波谱光对照条件下，西花蓟马对橙、白光的趋近敏感性分别优于红、橙光。而西花蓟马对不同光配对间的趋近对比率无显著差异（图 12c)。光照度下西花蓟马对白 vs. 红光的趋近对比率最大（6 000lx，12.21%；12 000lx，16.65%)，而光能下白 vs. 橙光趋近对比率最大（60mW/cm^2，21.09%；120mW/cm^2，15.54%)。因而，光照度致使西花蓟马对光谱光的趋近敏感变化不同于光能，且蓟马对白 vs. 红光的总响应率最差（6 000lx，55.51%；12 000lx，58.84%)，而对橙 vs. 红光的响应对比率最优（6 000lx，38.84%；12 000lx，37.73%)，表明红光使西花蓟马选择敏感的光谱光，且增强的光强度强化红光的驱使性。

西花蓟马对黄、绿、紫、紫外光不同配对间的对比选择效应分别如图 13、图 14 所示。西花蓟马对不同配对光谱光的总响应敏感性具有不同的差异显著性（$df=5$：$F_{6\ 000lx}=3.516$，$p=0.035$；$F_{12\ 000lx}=8.453$，$p<0.01$；$F_{60mW/cm^2}=22.019$，$p<0.001$；$F_{120mW/cm^2}=1.863$，$p=0.175$）（图 13a)。光照度下西花蓟马对紫外 vs. 紫光（6 000lx，78.81%；12 000lx，83.27%）而光能下对

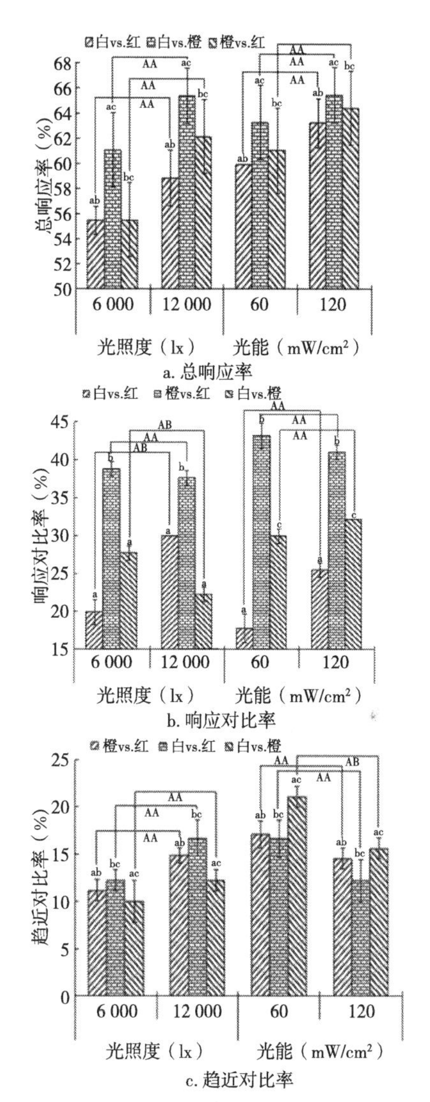

图 12 西花蓟马对不同配对光谱光的视响应程度及对比选择效应

注：相同光照度下，不同配对光谱光之间，相同小写字母表示差异性不显著（$p>0.025$），不同小写字母表示差异性显著（$p<0.025$）；相同配对光谱光下，6 000lx 与12 000lx，以及 60mW/cm^2 与 120mW/cm^{2}之间，相同大写字母表示差异性不显著（$p>0.025$），不同大写字母表示差异性显著（$p<0.025$）。

紫外 vs. 黄光（60mW/cm^2，82.15%；120mW/cm^2，79.93%）的总选择响应率最优。

此外，6 000lx 和 12 000lx、60mW/cm^2 和 120mW/cm^2 之间，西花蓟马对紫 vs. 绿光的总选择响应率具有显著的差异（$F=24.894$，$p<0.01$；$F=40.405$，$p=0.003$），对紫 vs. 黄光的总选择响应率的差异性显著（$F=1.891$，$p=0.024$；$F=17.74$，$p=0.014$）。6 000lx 与 1 2000lx 相比，配对波谱为绿 vs. 黄、紫 vs. 黄、紫外 vs. 黄光时，6 000lx 光照度光致性西花蓟马的总选择响应率较优，而其余配对波谱时，12 000lx 光照度光致性西花蓟马的总选择响应率较优；60mW/cm^2 与 120mW/cm^2 相比，配对波谱为绿 vs. 黄、紫外 vs. 黄、紫 vs. 绿、紫外 vs. 紫光时，60mW/cm^2 条件下西花蓟马的总选择响应率较优，其余配对波谱时，120mW/cm^2 条件下西花蓟马的总选择响应率较优。

相同光照度下，对比响应率表明，西花蓟马对紫外光的选择敏感性较好，光能下西花蓟马对 60mW/cm^2 紫光的选择敏感性较好且 60mW/cm^2 紫外光次之。同一光照属性下，不同配对间，西花蓟马的对比选择敏感性差异极度显著（$df=5$，$p<0.001$：$F_{6\ 000lx}=53.78$；$F_{12\ 000lx}=58.30$；$F_{60mW/cm^2}=38.72$；$F_{120mW/cm^2}=89.04$）（图 13b）。而且，紫外 vs. 黄光的对比响应率最高（6 000lx，34.41%；12 000lx，41.08%；60mW/cm^2，26.63%；120mW/cm^2，28.86%），且选择响应对比率随光照度的增强而增强（图 13b），表明光强度强化蓟马的对比选择性。

西花蓟马对不同光谱光均有趋近敏感性，但对不同配对光谱光的总趋近率和趋近对比率不同（图 14）。

相同光照度下，不同配对西花蓟马的总趋近率差异显著性不同（$df=5$：$F_{6\ 000lx}=2.894$，$p=0.061$；$F_{12\ 000lx}=10.094$，$p<0.01$；$F_{60mW/cm^2}=7.892$，$p<0.01$；$F_{120mW/cm^2}=7.855$，$p<0.01$）（图 14a）。光照度、光能下，西花蓟马对紫 vs. 绿、紫外 vs. 绿光的总趋近率分别最优（6 000lx，45.50%；12 000lx，53.18%；60mW/cm^2，41.07%；120mW/cm^2，47.74%），而对绿 vs. 黄、

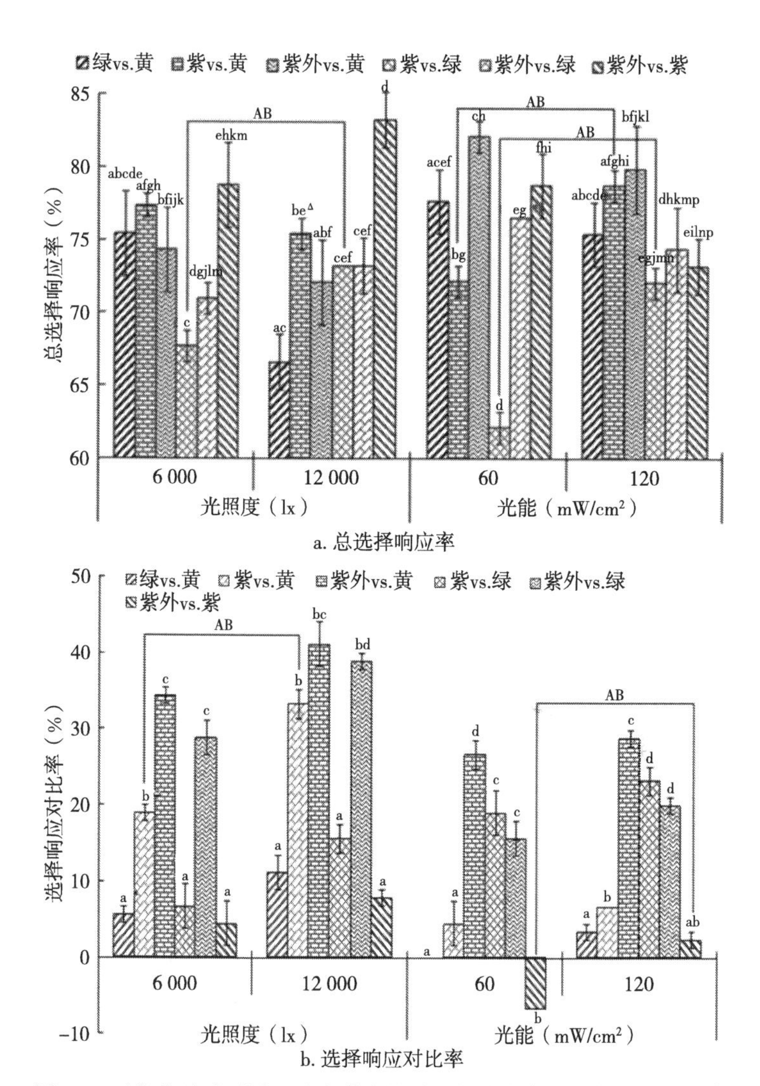

图 13　西花蓟马对不同配对光谱光的总选择响应率及选择响应对比率

注：相同光照度下，不同配对光谱光之间，相同小写字母表示差异性不显著（$p>0.025$），不同小写字母表示差异性显著（$p<0.025$）；相同配对光谱光下，6 000lx 与 12 000lx，以及 60 与 120mW/cm² 之间，相同大写字母表示差异性不显著（$p>0.025$），不同大写字母表示差异性显著（$p<0.025$）。

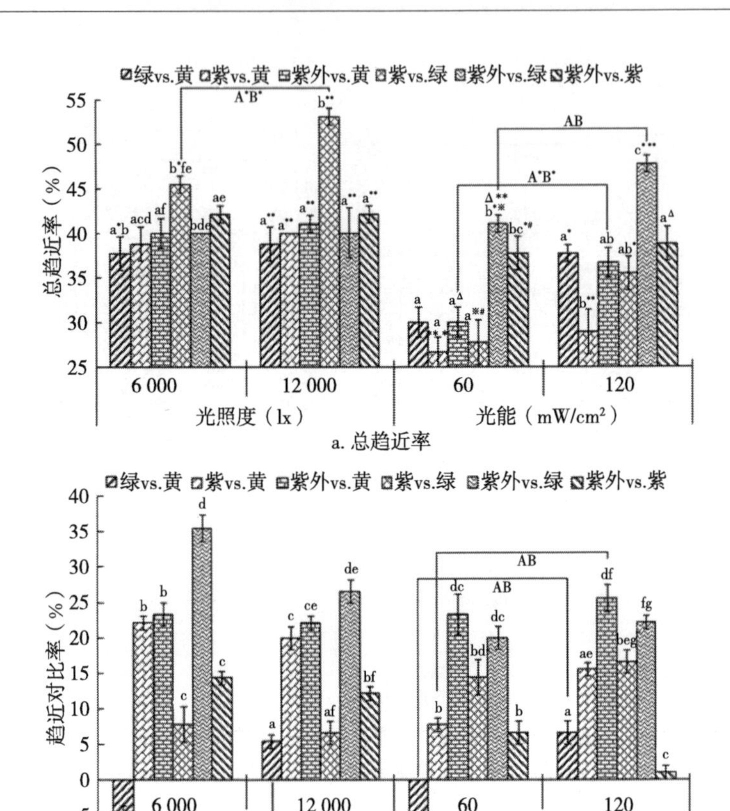

图 14　西花蓟马对两不同配对光谱光的总趋近率及趋近对比率

注：相同光照度下，不同配对光谱光之间，相同小写字母表示差异性不显著（$p>0.025$），不同小写字母表示差异性显著（$p<0.025$）；相同配对光谱光下，6 000lx 与12 000lx，以及 60 与 120mW/cm² 之间，相同大写字母表示差异性不显著（$p>0.025$），不同大写字母表示差异性显著（$p<0.025$）。

紫 vs. 黄光的总趋近率分别最差，且 12 000lx、120mW/cm² 条件下的总趋近率分别优于 6 000lx、60mW/cm²。

不同配对光谱光西花蓟马的趋近对比率差异性极度显著（$df=5$，$p<0.001$：$F_{6\,000lx}=55.078$；$F_{12\,000lx}=30.60$；$F_{60mW/cm^2}=27.187$；$F_{120mW/cm^2}=28.785$）（图 14b）。光照度、光能下，西花蓟

马对紫外 vs. 绿光（6 000lx，35.54%；12 000lx，26.63%）、紫外 vs. 黄光（$60mW/cm^2$，23.33%；$120mW/cm^2$，25.54%）的趋近对比率分别最高。$60mW/cm^2$ 下，西花蓟马对黄光的趋近敏感性优于绿光；在 12 000lx 下，对绿光的趋近敏感性优于黄光。而西花蓟马对紫外光的趋近敏感性最强，其次是紫光。6 000lx、12 000lx（F=30.188，p<0.01），$60mW/cm^2$、$120mW/cm^2$（F=72.573，p<0.01）下，西花蓟马对绿 vs. 黄光的趋近敏感性差异性显著；$60mW/cm^2$、$120mW/cm^2$ 下，西花蓟马对紫 vs. 黄光的趋近敏感性差异性显著（F=24.595，p=0.005）。总的来说，光照度刺激效应对西花蓟马趋近敏感性的影响不同于光能，且绿光光照度、黄光光能增强西花蓟马对紫外光的趋近敏感性，并分别呈现绿光光照度增强的抑制性、黄光光能增强的强化性。

2.3.3　讨论

前人研究推测西花蓟马成虫的光感受器类型可能包括绿、蓝和紫外光 3 种[22]，且研究表明，这些昆虫能够识别的光谱光可以诱导昆虫产生最大的视神经反应，而不意味着这些光谱光能够诱发昆虫产生趋光响应。120lx 下，试验所用的光谱光均能诱导西花蓟马产生视选择响应，其中，蓟马对蓝光的响应最好，其次是紫外、绿光（表 8），说明只有在适当的光照下，西花蓟马视神经敏感光谱才能引起西花蓟马产生较好的视选择响应。

表 8　西花蓟马对不同波谱光的选择响应率（%）

光谱光		红	橙	黄	绿	蓝	紫	紫外	白
120lx 光照	120	1.11±1.11ab	2.22±1.11aed	4.44±1.11befg	12.21±1.11h	17.76±1.11i△i	6.66±1.11cfj	14.44±1.1hi	5.56±1.11dgj

以前的研究也报道，微小昆虫对绿光和黄光较敏感，而对红光和橙光不敏感，紫外波段光对许多昆虫的吸引效果较好[23]。本研究表明，仅在较强的光照度下，光照或光能的刺激作用致使西花蓟马对紫外、紫、黄光的选择敏感性较好，而对红、橙和白光较差。

三色性昆虫可以利用颜色感知的对立机制来选择自己喜好的色光，且光谱和光强影响蓟马的趋光选择性[24]，这些结果可能是相同光照下，西花蓟马对紫外、紫、黄和绿光视选择敏感性变化的原因。而且，昆虫对色光的感知调控能力为其行为提供了良好的视觉保障[25]，这使得视响应西花蓟马进而产生趋近行为，而不同光谱光刺激西花蓟马从暗视觉到明视觉的中间视觉状态转化差异性从而导致其产生不同的趋近敏感性。

但光照度和光能增强导致西花蓟马对相同波谱光的选择敏感性和趋近敏感性发生变化且变化程度不同。光照度下，光谱光质决定蓟马的趋近敏感性，并且光照度增强致使光能强度强化。光能下，光谱光能决定西花蓟马的趋近敏感性，并且光能强度增强致使光照度抑制。

试验中，光照度下，紫外 vs. 紫光的光能强度较强，且西花蓟马对紫外 vs. 紫光的总响应程度最强，并当光照度从 6 000lx 增加到 12 000lx 时，总响应程度增强了 4.46%，表明光照度决定西花蓟马的选择敏感性。光能下，西花蓟马对紫外 vs. 黄光的总响应程度最优，其对应紫外光与黄光二者最大的光照度差异性表明，光能的强度影响西花蓟马的选择敏感性，并当光能从 60mW/cm^2 增加到 120mW/cm^{2}时，总响应程度降低了 2.22%。西花蓟马对紫外 vs. 黄光的对比选择敏感性差异最大，而对紫外 vs. 紫光的最小，其源于西花蓟马对不同波谱光质的视敏差异性，并受光强度的调节。因而，光谱光照度和光能改变了西花蓟马的视选择响应效果，并影响其趋近行为，但影响程度又各不相同。这可能是由于西花蓟马对光谱光照度和光能的生物敏感探测性差异，且光照度和光能不同的光电转换强度导致 LED 光电输出的光热效应最终影响到西花蓟马视选择响应效果。

有研究报道，许多微小昆虫，如蓟马、粉虱、蚜虫等，在背景光下能敏感地感知蓝色、黄色，当日光光照度为 4 000lx 时，蓝、黄色板的吸引效果最好[26]。然而，并非所有的光谱背景光都能诱导蓟马产生视选择性响应，蓟马对红光的选择敏感性最差，并驱使蓟马选择其视敏性光谱光，Mika 也报道了类似的结果。也有学者发现，蓟马和粉虱复眼中的光感受器对紫外光谱（200～400nm）非常敏感[27]，结果表明，蓟马对 365nm 光的视选择敏感性最好，其次是紫、黄光，且黄、绿光强度调控了蓟马选择紫外光的趋近敏感性。这可能是由于昆虫复眼中光敏、屏蔽和感光色素的协同作用结果[23,28]。

2.4　西花蓟马在白光背景中对特定紫外光强度的视选择效应

为明确不同 UV-VIS（紫外到可见光）光强度（光照度、光能）对蓟马光生物行为的作用效果，确定西方花蓟马对 UV-VIS 光的视觉敏感性，本文以西花蓟马健壮雌成虫为试虫，利用 360～430nm 范围内不同波段的 LED 紫外光及西花蓟马八通道视响应装置（图 15），测试了白光背景下西花蓟马对不同 UV-VIS 光的响应效果，以此确定西花蓟马对不同 UV-VIS 光的视选择敏感性。

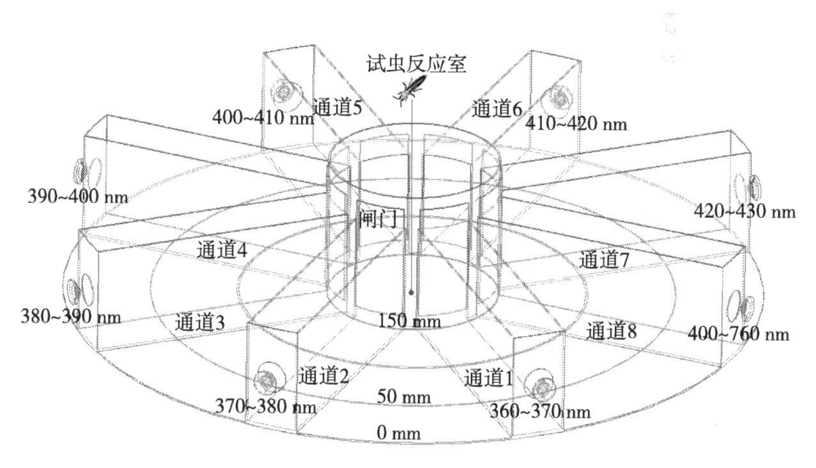

图 15　白光背景下西花蓟马对不同 UV-VIS 光的选择响应效果测定装置

2.4.1 试验过程

装置中，通道 1～8 前端分别放置 8 个波长范围不同（360～370nm、370～380nm、380～390nm、390～400nm、400～410nm、410～420nm、420～430nm 和 450～465nm）的 LED 光源，针对 8 个 LED 光源（1 200lx、6 000lx、12mW/cm²、60mW/cm²）的 4 个入射光强，分别备 3 组西花蓟马（60 只/组）并进行 30min 暗适应后进行试验。

在上述试验的基础上，25±1℃的黑暗环境中，对照白光和无白光下，利用双通道视响应装置（图 16），测试了西花蓟马对 UV-VIS 光（360～370nm、370～380nm、380～390nm、390～400nm、400～410nm、410～420nm、420～430nm）的视觉响应效应，分析了白光对西花蓟马视响应效应（趋近敏感性、敏感响应程度）的影响。

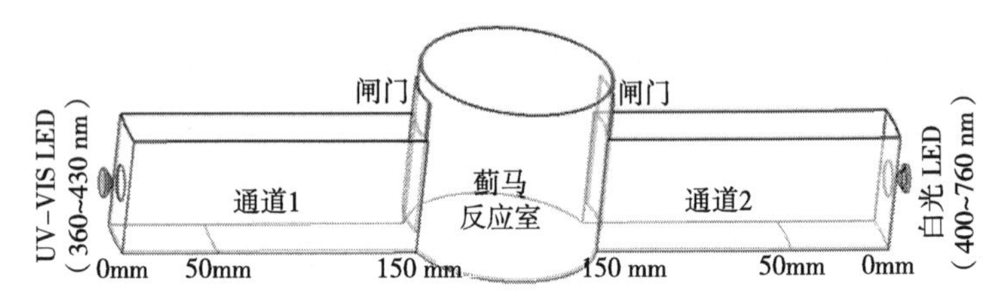

图 16　白光条件下不同 UV-VIS 光对西花蓟马视选择响应的影响测定装置

双通道视响应装置中，试验用入射光强分别由光照度计和辐照计设定为 1 200lx、6 000lx、12mW/cm²、60mW/cm²。

在对照白光和无白光条件下，针对相同光强 UV-VIS 光的各个波长范围，分别备暗适应 30min 后的 3 组西花蓟马（60 只/组），测定白光对西花蓟马视响应 UV-VIS 光的影响程度。

2.4.2 试验数据处理与分析

利用选择响应率（3 组西花蓟马在 0～150mm 内的分布均值与 60 只西花蓟马的比值百分比,%），反映西花蓟马的选择敏感性；利用趋近率（3 组西花蓟马在 0～150mm 内的分布均值与 60 只西花蓟马的百分比,%），用于反映西花蓟马的趋近敏感性。在图 15

的装置中，利用趋近对比率、响应对比率（3 组西花蓟马在通道 1 的0～50mm、0～150mm 内分布均值减去通道 2 对应区段内西花蓟马分布均值后与 60 只西花蓟马的比值百分比，%），反映白光作用下西花蓟马对 UV-VIS 光的视响应效应（西花蓟马趋近敏感性，西花蓟马敏感响应程度）。采用一般线性模型分析比较各 LED 诱导的西花蓟马均值百分比，并采用差异水平 $p=0.05$ 的 LSD 试验进行多重分析。在差异水平 $p=0.05$ 上采用 t 检验进行相同光谱的不同光照强度、相同光照强度的不同光谱处理间的差异显著性分析。试验结果为均值±标准误（SE）。

光照度对西花蓟马视响应效应的影响结果如图 17 所示。光照度相同，西花蓟马对不同 UV-VIS 光的选择敏感性差异显著（图 17a，$df=7$，$p<0.001$：$F_{1\,200lx}=27.107$，$F_{6\,000lx}=20.08$）。1 200lx、6 000lx 光照度下，西花蓟马分别对 400～410nm、360～370nm 光的选择响应最强，其次分别是 360～370nm、400～410nm 光照。光照度下，西花蓟马的趋近敏感性与选择敏感性不同（图 17b，$df=7$，$p<0.01$：$F_{1\,200lx}=6.586$，$F_{6\,000lx}=9.692$），且西花蓟马对 380～390nm 光的趋近敏感性较好，其次是 400～410nm 光。6 000lx光照度下，西花蓟马对 360～370nm 光的选择敏感性最强（15.59%），对 380～390nm 光的趋近敏感性最强（7.26%）。

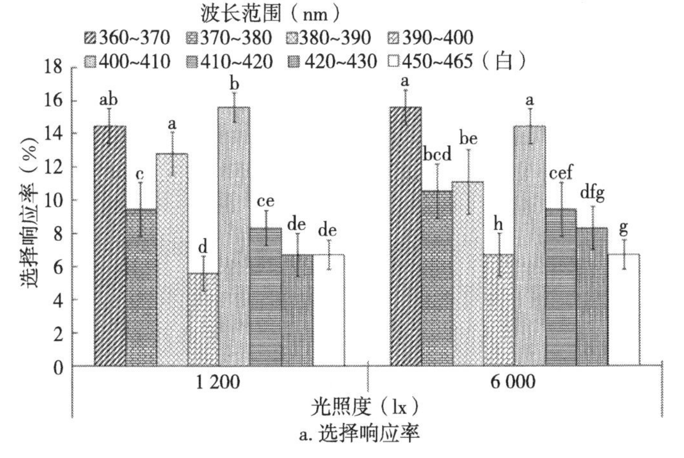

a. 选择响应率

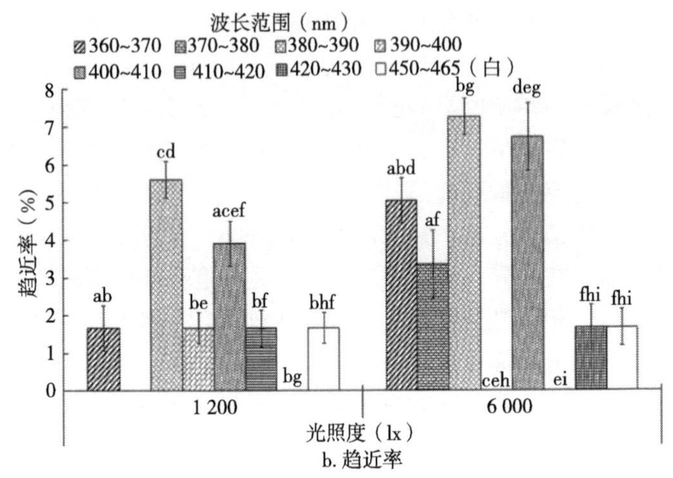

b. 趋近率

图 17　白光背景下西花蓟马对不同 UV-VIS 光光照度的视响应效应

注：相同光照度下，不同光谱之间，不同小写字母表示差异性显著（$p<0.05$），相同小写字母表示差异性不显著（$p>0.05$）。

光能对西花蓟马视响应效应的影响结果如图 18 所示。

光能相同下，西花蓟马在不同波长范围内的选择响应速率不同（图 18a，$df=7$，$p<0.001$，$F_{12mW/cm^2}=19.508$，$F_{60mW/cm^2}=52.363$），其显著影响西花蓟马的趋近率（图 18b，$df=7$，$p<0.001$，$F_{12mW/cm^2}=12.589$，$F_{60mW/cm^2}=33.035$），且西花蓟马对 360～370nm 光有较强的视响应效应，其次是 400～410nm 光。

而在 $12mW/cm^2$ 与 $60mW/cm^2$ 条件下，西花蓟马对 360～370nm 光的视响应效应有显著差异性（$p<0.01$）。当光能强度增强到 $60mW/cm^2$ 时，光能强度致使西花蓟马对 360～370nm 光的视响应效应的增强性最显著，且视选择敏感性、趋近敏感性分别最优（20.04%，11.13%）。结果表明，光能强度增强导致西花蓟马选择更敏感的紫外光，并促使西花蓟马产生更好的趋近响应效应。

光照度下 UV-VIS 光对西花蓟马视选择响应效应的影响如图 19 和表 9 所示。西花蓟马对 UV-VIS 光的视响应效应显著优于白光，并在相同光照度下，西花蓟马对不同 UV-VIS 光的响应对比率、趋近对比率有显著差异（图 19a，$df=6$，$p<0.001$，$F_{1\,200lx}=$

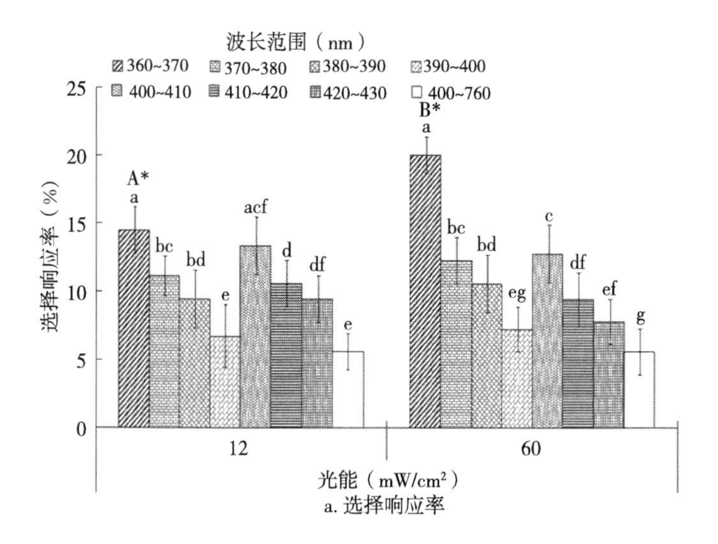

a. 选择响应率

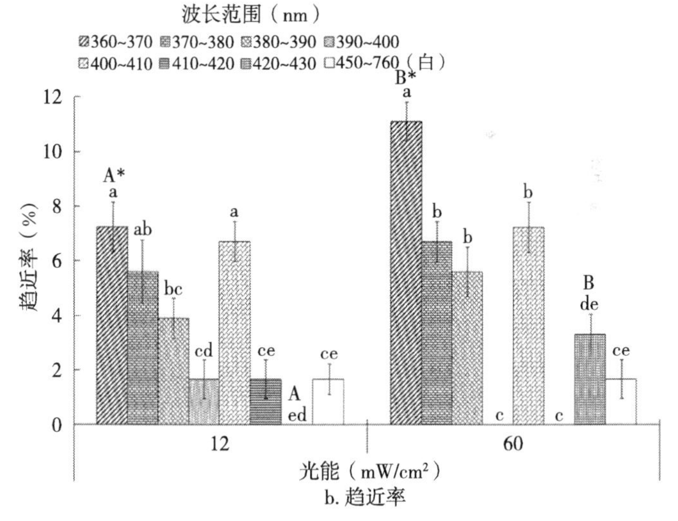

b. 趋近率

图 18 西花蓟马对不同 UV-VIS 光光能的视响应效应

注：相同光能下，不同光谱之间不同小写字母表示差异性显著（$p<0.05$）；相同光谱光下，不同光能之间，不同大写字母表示差异显著（$p<0.05$）；* 表示差异性达到显著水平。

376.667，$F_{6\,000lx}=174.81$；图 19b，$df=6$，$p<0.001$，$F_{1\,200lx}=111.87$，$F_{6\,000lx}=372.481$)，且西花蓟马对 380～390nm 光的视选择响应效应较优，其次是 400～410nm 光，表明，UV-VIS 光决定西花蓟马的视选择响应效应。

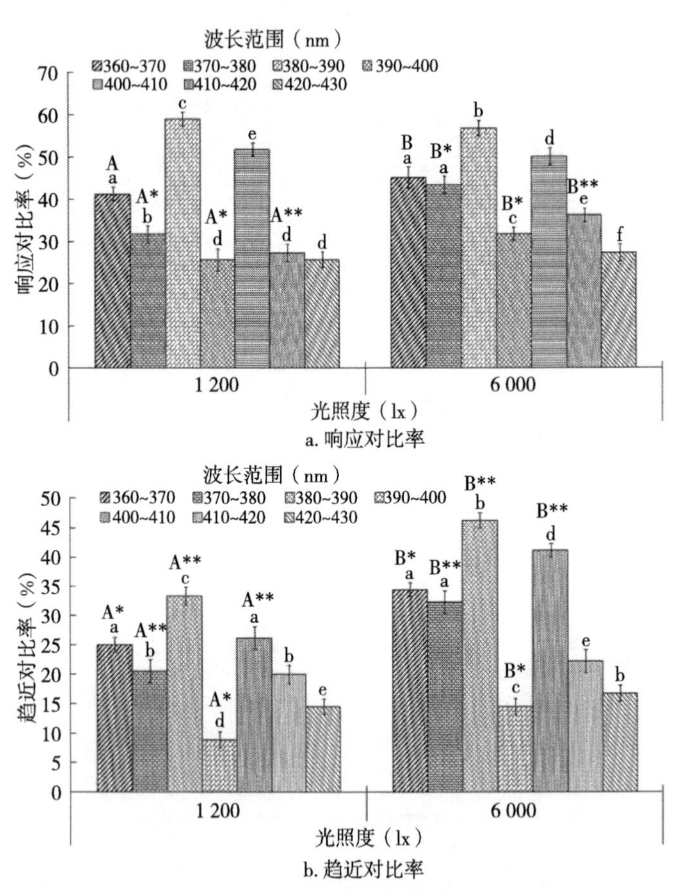

图 19　光照度下 UV-VIS 光对西花蓟马视选择响应效应的影响

注：相同光照度下，不同光谱之间，不同小写字母表示差异性显著（$p<0.05$)；相同光谱下，不同光照度之间，不同大写字母表示差异性显著（$p>0.05$)。* 表示差异性达到显著水平，** 表示差异性达到极显著水平。

但光照度增加到 6 000lx 时，西花蓟马对光照度的视选择响应效应不同于光照度强度的强化效应，结果显示，西花蓟马对 380～390nm、400～410nm、420～430nm 光的响应对比率不受强度的影响（$p>0.05$），而光照度增强强化西花蓟马对 UV-VIS 光的趋近敏感性。

表 9 有无白光条件下光照度对西花蓟马的视响应效应

波长范围（mm）	光照度（lx）	响应率（%）		趋近率（%）	
		无白光	有白光	无白光	有白光
360～370	1 200	44.53±1.93a** A	50.43±3.28 a* B	21.82±1.67 a* A	25.05±1.72 a** B
	6 000	54.66±1.18 b** A	58.45±1.67 b* B	31.30±1.92 b* A	35.64±2.52 b** B
370～380	1 200	38.75±1.92a* A*	44.53±0.96 a** B*	20.04±1.67 aA	23.38±2.36a** B
	6 000	48.43±1.67 b* A*	56.89±1.92b** B*	25.05±1.92 bA**	39.53±2.22 b** B**
380～390	1 200	50.10±1.92 a* A**	64.86±1.67 aB**	31.74±1.18 a** A*	37.31±1.67a** B*
	6 000	61.79±1.67 b* A*	69.78±3.28 bB*	46.76±1.67 b** A	51.21±0.96 b** B
400～410	1 200	46.76±1.67 a* A**	57.24±1.92a** B**	26.16±2.22a* A*	31.19±1.18 a** B*
	6 000	57.00±1.92 b* A*	69.00±2.24 b** B*	36.74±1.92b* A*	45.65±1.67 b** B*

注：相同光照度下，有无白光之间，不同大写字母表示差异性显著（$p<0.05$）；相同波长光下，不同光照度之间，不同小写字母表示差异性显著（$p<0.05$）。* 表示差异性达到显著水平（$p<0.05$），**表示差异性达到极显著水平（$p<0.01$）。

此外，光照度相同，有无白光对照下，西花蓟马对 360～370nm、370～380nm、380～390nm、400～410nm 光的视选择响应效应显著优于无白光（表 9）。当光照度增加到 6 000lx 时，强度增加导致西花蓟马对 UV-VIS 光的视响应效应显著增强，且西花蓟马对380～390nm 光的敏感响应程度、趋近敏感性（69.78%、51.21%）最好。

光能下 UV-VIS 光对西花蓟马视响应效应的影响效果分别如图 20 和表 10 所示。

光能相同下，西花蓟马对不同 UV-VIS 光的响应对比率、趋近对比率的差异性显著（图 20a，$df=6$，$p<0.001$，$F_{12mW/cm^2}=65.59$，$F_{60mW/cm^2}=163.282$；图 20b，$df=6$，$p<0.001$，$F_{12mW/cm^2}=160.789$，$F_{60mW/cm^2}=73.026$）。相同光能下，西花蓟马对 360～370nm 光的

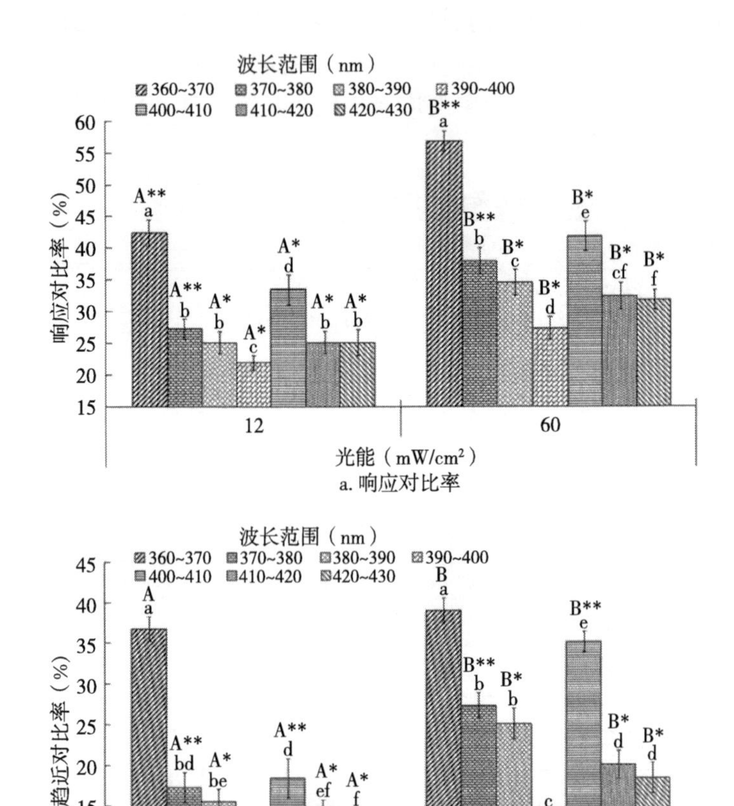

图 20　光能下 UV-VIS 光对西花蓟马视响应效应的影响

注：相同光能下，不同光谱之间不同小写字母表示差异性显著（$p<0.05$）；相同光能光下，不同光能之间，不同大写字母表示差异显著（$p<0.05$）；*表示差异性达显著水平，**表示差异性达极显著水平。

视响应效应最好，其次是 400～410nm 光。当光能由 12mW/cm^2 增加到 60mW/cm^{2}时，西花蓟马的敏感响应程度随光能的增强而增强。但西花蓟马对 360～370nm 光的趋近敏感性不随光能强度的增强而增强，且西花蓟马对 360～370nm 光的趋近敏感性最好(38.97%)，其次是 400～410nm 光。

表 10　有无白光条件下 UV-UIS 光光能对西花蓟马的视响应效应

波长范围 (nm)		360～370		370～380		380～390		400～410	
光能 (mW/cm^2)		12	60	12	60	12	60	12	60
选择响应率(%)	无白光	51.21±2.36 a** A*	62.90±1.67 b** A	41.75±1.12 a* A*	50.10±2.22 b* A*	39.52±1.12 a** A*	47.87±1.67 b** A*	48.23±1.92 a* A	55.76±1.12 b* A
	有白光	55.22±1.92 a* B*	65.68±1.75 b* B	50.10±1.92 a* B*	57.78±1.67 b* B*	48.43±1.72 a* B*	53.55±1.92 b* B*	52.45±1.67 a* B	59.12±1.92 b* B
趋近率(%)	无白光	31.75±0.96 a* A	37.53±2.22 b* A	21.82±1.12 aA	26.16±1.67 bA*	17.57±1.67 aA	22.82±1.72 bA*	25.52±1.92 aA*	31.75±0.96 bA*
	有白光	36.75±1.12 aB	43.98±3.10 bB	25.05±1.92 a* B	31.19±2.22 b* B*	22.67±1.92 a* B	27.28±1.92 b* B*	30.07±1.67 a* B*	37.86±2.22 b* B*

注：相同波长范围，无白光或有白光条件下，不同光能之间，不同小写字母表示差异性显著；相同波长范围及光能条件下，有、无白光之间，不同大写字母表示差异性显著。* 表示差异性达到显著水平，** 表示差异性达到极显著水平。

而且，白光对照和无白光条件下，不同 UV-VIS 光中，西花蓟马对 360～370nm 光的视响应效应较好（$p<0.001$），其次是 400～410nm 光（表 10）。光能相同，白光对照下，西花蓟马对 360～370nm、370～380nm、380～390nm、400～410nm 光的视响应效应显著优于无白光。当光能由 12mW/cm^2 增加到 60mW/cm^2 时，西花蓟马的视响应效应显著增强，且对 360～370nm 光的敏感响应程度趋近敏感性、最好（65.68%、43.98%）。

2.4.3　讨论

本研究表明，相对于白光，西花蓟马对 360～430nm 范围内不同波段的 UV-VIS 光表现出不同的敏感选择效应。据报道，其他种类昆虫对光的类似响应主要由波长、辐照强度和环境背景光引起[29]。本研究表明，西花蓟马对 UV-VIS 光的敏感选择程度不受光刺激属性的影响，而光的强度增强，光能对西花蓟马敏感选择 360～370nm 光的强化效果强于光照度。但光刺激属性影响西花蓟马的趋近敏感性，结果显示，光能致使西花蓟马对 380～390nm 的趋近选择敏感性最强，光而光照度致使西花蓟马对 360～370nm 光的趋近选择敏感性最强。

据报道，紫外线在昆虫行为中起定向作用，且西花蓟马的视觉敏感性与光照度显著相关，并最终影响西花蓟马的趋光选择效应[30]。在本研究中，150mm 处最强的光能诱发西花蓟马产生最强的选择响应敏感性（360～370nm 光能：6 000lx-0.024mW/cm^2，60mW/cm^2-0.195mW/cm^2），西花蓟马趋近敏感性与 50mm 处光的耦合强度有关，且最强的耦合强度导致最强的趋近敏感性（380～390nm，6 000lx-436lx，0.278mW/cm^2；360～370nm，60mW/cm^2-730lx，1.790mW/cm^2）。从而，光致性辐照强度（光照度、光能）可能是西花蓟马对 360～370nm、380～390nm 光不同选择偏好的原因。因而，紫外光谱属性的照射距离性光能传播强度决定西花蓟马的选择敏感性，即紫外波谱光距离性光能强度决定西花蓟马初始的选择敏感性，而西花蓟马的趋近敏感性取决于紫外光的耦合强度。

结果还表明，白光增强西花蓟马对紫外光的视响应效应，且白光作用下，光照度引起西花蓟马产生的视觉敏感效应与光能不同。光照度作用下西花蓟马对 380～390nm、400～410nm 光的视响应效应分别优于光能作用下西花蓟马对 360～370nm、400～410nm 光的视响应效应，且西花蓟马对 6 000lx 的 380～390nm 光的视响应效应最优，其次是 60mW/cm^2 的 360～370nm 光。这些结果与本研究中西花蓟马的响应效应结果不同，可能是由于背景白光强度影响西花蓟马对特定光谱的选择偏好性，其与 Anna 报道的结果相符[31]，且 6 000lx 光照度和 60mW/cm^2 光能的不同亮度效应影响西花蓟马对 360～410nm 光的视觉敏感性，其被白光进一步强化。

2.5 东亚飞蝗与西花蓟马的视敏性波谱光照特征

紫外（365nm）、紫（405nm）、绿（520nm）、橙（610nm）光刺激东亚飞蝗的视觉系统后，东亚飞蝗视反应波谱特性呈现强度视觉的时变调控效应，表明光照度能够弥补东亚飞蝗视觉波谱敏感程度差异而产生相同的视响应效果。未超过东亚飞蝗视觉容限的波谱光照刺激下，紫外光的调控力高于紫光，而强度视觉锐化敏感性低于紫光，橙光的视敏时长诱导力强于绿光，并以趋光敏感时长、光活动强度及趋光程度差异等趋光特征体现，且橙光诱发的趋光敏感时长及诱导效果较优，紫光的光活动强度强化性及激发性较强，紫外光对趋光程度的增效性较优，黄光强化东亚飞蝗对敏感波谱光照的选择敏感性。超过东亚飞蝗视觉容限的波谱光照刺激下，东亚飞蝗强度视觉呈现反应强度幅度无明显差异，幅宽时长递增性视觉“窗口”阈值响应强度，表明东亚飞蝗接受紫、绿、橙光光照度的阈值极限，致使东亚飞蝗强度视觉产生视敏钝化调控性，并导致东亚飞蝗通过光生物活动强度的增强来释放超限性光刺激，因此，提高波谱光照度增强东亚飞蝗趋光效果具有限制性，且东亚飞蝗对紫外光的时效敏感性，制约蝗虫趋光效果。

橙光照射后，橙光对东亚飞蝗视觉的光致效应，改变东亚飞蝗对紫、绿、蓝光视响应效应的敏感性，其增强东亚飞蝗对紫、蓝光而抑制东亚飞蝗对绿光的视响应程度，并呈现橙光强度照射时长的视敏差异调控性，且 64 600lx 橙光强化东亚飞蝗对紫、蓝、绿光视敏性的增效时长为 30min，但橙光对东亚飞蝗视趋强度的作用效果取决于波谱光照属性的激发强度，且橙光对东亚飞蝗视趋紫光的强化效应最强。橙光照射时长的增效时效效应与其调控东亚飞蝗对波谱光照的视响应效应的强化效果不同，且64 600lx橙光 30min 照射后，橙光分别对东亚飞蝗视响应 100lx 紫光、视趋 100lx 绿光的增效性最优，而与无橙光相比，橙光照射效应致使东亚飞蝗对紫光的视响应效应最强，且 64 600lx 橙光 30min 照射后，东亚飞蝗对 100lx 紫光的视响应程度最优（90.18%），1 000lx 橙光照射 20min 后，东亚飞蝗对 2 000lx 紫光的视趋强度最优（46.22%）。橙光对东亚飞蝗视响应效应的增效及强化效果，源于橙光强度照射时长的光致性视状态对刺激场景变化的生物应激转化效应，但波谱刺激属性决定东亚飞蝗视趋强度。

对西花蓟马而言，当光照度从 120lx 增强至 6 000lx 时，西花蓟马视选择敏感性光谱由蓝、紫外（365nm）、绿光变为紫外、紫和黄光，且光照度下，西花蓟马对紫光的视敏性最优，而光能下，当光能增强至 $120mW/cm^2$ 时，西花蓟马视敏性最强的光谱光为紫外光。从而，光照度属性改变西花蓟马对光谱光的视选择敏感性，且光照度光致性视敏选择效应不同于光能，其源于光照度与光能的强度属性差异，致使西花蓟马光生物效应变化调节及强度视觉激发程度差异，其影响西花蓟马对光谱光（紫外光除外）的趋近敏感性。两种异质性波谱光对照时，光照度下紫外 vs. 紫光的光能传导强度、光能下紫外 vs. 黄光的光照强度（光照度、光能）协同调控效应，分别导致 12 000lx、$120mW/cm^2$ 时西花蓟马的响应敏感性最优（83.27%、82.15%），且两种异质波谱光照强度属性影响西花蓟马的趋近敏感性，其分别导致 12 000lx、$120mW/cm^2$ 时西花蓟马对紫 vs. 绿光、紫外 vs. 绿光的趋近敏感性最强（53.18%、47.74%）。而且，黄、绿光强化西花蓟马对紫外、紫光的趋近敏感性，红光驱使西花蓟马选择其他光谱光且西花蓟马呈现视敏忌避性，因而，红光的驱使效应能够增强西花蓟马对紫外、紫光与黄光或绿光耦合光照的视选择响应效果。

同时，UV-VIS 光照度增强对西花蓟马视响应效应不同于光能，并导致西花蓟马对 UV-VIS 光谱的视敏性发生变化，光照度增至 6 000lx 时，西花蓟马对 360～370nm 光的视选择敏感性最强，对 380～390nm 光的趋近选择敏感性最强；光能增至 $60mW/cm^2$ 时，西花蓟马对 360～370nm 光的视选择及趋近敏感性均最强。白光背景对照下，光照度、光能致使西花蓟马视敏性最强的 UV-VIS

光波长分别为 380～390nm、360～370nm，白光对照强化西花蓟马对 UV-VIS 光的视响应效应，强化效果随光强度的增强而增强，且光照度增至 6 000lx 时、光能增至 $60mW/cm^2$ 时，白光致使西花蓟马分别对 380～390nm、360～370nm 光的趋近敏感性（51.21%、43.98%）及视敏响应程度最优（69.78%、65.68%），其源于光照度和光能强度传播产生的光照强度特性的变化。因而，光照强度刺激属性的变化可改变西花蓟马对不同光谱的视觉敏感性，其为避免西花蓟马的光适应问题提供了一种新的诱导措施。

3

异质波谱对西花蓟马趋光习性的影响及田间验证

西花蓟马的趋光敏感性与波谱光照度显著相关，并对黄、绿光谱表现为视敏偏好性，同时，波谱光照强度可改变西花蓟马对不同波谱光的视敏属性，且紫外光的加入，可强化西花蓟马的趋光效果[32]。研究指出，光能影响昆虫趋光行为活动活性，且光能被昆虫特定器官及体表吸收，导致能量积累，产生光胁迫性生物补偿活性，而光照度仅能增强视趋效应而不能增效趋光效果，且光照能量及夜间温度对昆虫生物节律行为重置具有影响效应[33]。从本质上来说，光波实质上是一种能量，其传播衰减性与光谱相关，而目前仅侧重于色谱、光波长、光周期和光亮度对蓟马类害虫视响应敏感性的研究，导致其趋光变化的光致视敏因素不明确，制约蓟马类害虫光防控的应用。因而，研究波谱光照时长对西花蓟马视响应及视趋性的影响，明确光对西花蓟马趋光调控机制，有利于蓟马类害虫视响应效应的光致行为变化机制及光调控因素被进一步揭示和有效利用。

3.1 波谱光照因素对西花蓟马趋光敏感性的特异影响效应

3.1.1 试验设计

为明确波谱光照对西花蓟马趋光的异质影响特性及因素，确定西花蓟马视距性光行为活动的变化特异性与光照强化因素的关联，构建蓟马类害虫光源防控技术的应用及增效防效的调光配置途径，获得西花蓟马的视敏性光照特性，解析长、短波长光及其组合光的光致效应与西花蓟马趋光活动行为的互致作用，以河南省农业科学院蔬菜花卉示范基地内繁殖 3～4 代且羽化 1～2 日龄的西花蓟马健壮成虫为试虫，利用西花蓟马对单光及组合光的视响应效果测定装置（图 21），于每天 20：00～22：00 时，在试验温度为（27±1)℃，相对湿度为（65±2.5)％的暗室内，测试了短距离内西花蓟马在单 LED 光源及组合 LED 光源不同光照度下的趋光（视）响应效果，以期为蓟马类害虫灯光诱导机具研制提供理论支撑。

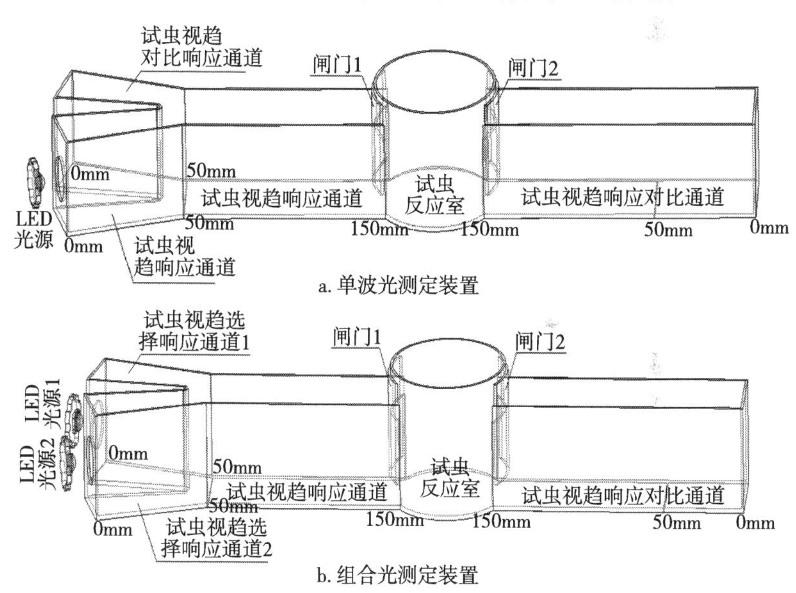

a. 单波光测定装置

b. 组合光测定装置

图 21　西花蓟马对单光及组合光的视响应效果测定装置

装置中，试验用光源由 3W LED 灯（4 个）焊接在 Φ6cm 的铝基板上制成，其峰值波长分别为 560nm（黄光）、520nm（绿光）、405nm（紫光）、365nm（紫外光）nm，光照度计（Model：TES-1335，Resolving power：0.01lx）标定光源试验用光照度为 7 000lx、14 000lx。

西花蓟马视响应通道前端伸出夹角为10°的两臂，形成西花蓟马视趋响应通道和视趋对比响应通道（图21a）、视趋选择响应通道1和视趋选择响应通道2（图21b）。图21a中西花蓟马视趋响应通道前置一光源而对照视趋响应通道前不置光源，图21b中西花蓟马视趋选择响应通道1和西花蓟马视趋选择响应通道2前分别置波长不同的LED光源1和LED光源2（二者波长分别为560nm与520nm、560nm与405nm、560nm与365nm、520nm与405nm、520nm与365nm、405nm与365nm，且两光源的光照度相同）。试验时，光源光照由中心孔入射通道内，且图21b中两光源光照在西花蓟马视响应通道中形成波谱耦合光照。通道区段如图21b标示，利用光照度计及辐照计（型号：FZ-A，分辨率：±5%）测试0mm、50mm、150mm处的光照强度（光能及光照度），结合西花蓟马视响应效果数据，分析波谱光照参数对西花蓟马视响应变化效应的影响。

针对单光源及两光源中，每种波谱及组合波谱对应的每一试验光照度（7 000lx、14 000lx），各备3组（30只/组，性别比约80%雌性∶20%雄性）暗适应30min后进行测定。

3.1.2 试验数据处理与分析

单光源及组合光源光照后，计算对应的3组西花蓟马在两臂（0～50mm）与视响应通道（50～150mm）内的分布均值和，分别取其与30只西花蓟马的百分比，利用西花蓟马总视趋响应率（%）、总视响应率（%），分析不同波谱光照中西花蓟马视响应敏感性、视趋敏感性。同时，计算对应的3组西花蓟马在两臂的每臂内的分布均值与30只西花蓟马的百分比，单光源光照下利用视趋响应率（%）、视趋对比响应率（%）分别反映单光照对趋光西花蓟马趋近敏感性、视趋忌避敏感性的影响，组合光源光照下利用视趋选择对比率（3组西花蓟马在视趋选择响应通道1和视趋选择响应通道2中分布均值差与30只西花蓟马的百分比），反映波谱耦合光照对西花蓟马光选择敏感性的影响。计算单光源及组合光源的电热（U×I×t），结合光照强度，确定西花蓟马视响应变化效应的影响因素。

采用一般线性模型分析西花蓟马在不同波谱光照下的视响应效应敏感性（视响应、视趋及视选择敏感性），并采用差异水平 $p=0.05$ 的 LSD 试验进行多重分析。试验数据采用 Excel 软件和 SPSS16.0 数据处理系统进行统计分析。不同波谱光照下，视响应对比通道内避光西花蓟马差异性不显著（$p>0.05$），不再分析。

西花蓟马对单光及组合光的视响应敏感性测定结果如图 22 所示，单光源及组合光源光照在 150mm 处的光参数如表 11、表 12 所示。

单光源光照度相同，不同波谱显著影响西花蓟马的总视响应率（$p<0.01$，$F_{7\,000lx}=17.332$；$p<0.001$，$F_{14\,000lx}=23.766$）（图 22a）。由结果可知，西花蓟马在 365nm 光中总视响应率最高，在 520nm 光中最低。150mm 处，365nm 光的光能最强而光照度最弱，520nm 光的光能最弱而光照度最强（表 11）。组合光源的光照度相同，西花蓟马在不同组合波谱光照中的总视响应率差异性极度显著（$p<0.001$，$F_{7\,000lx}=123.556$，$F_{14\,000lx}=48.317$）（图 22b）。

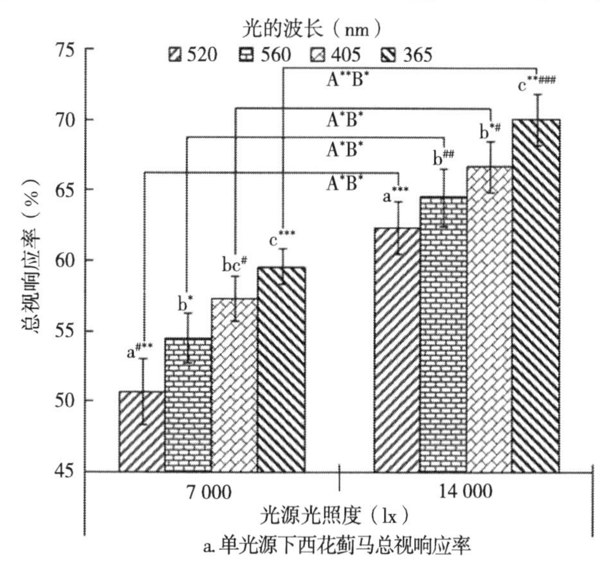

a. 单光源下西花蓟马总视响应率

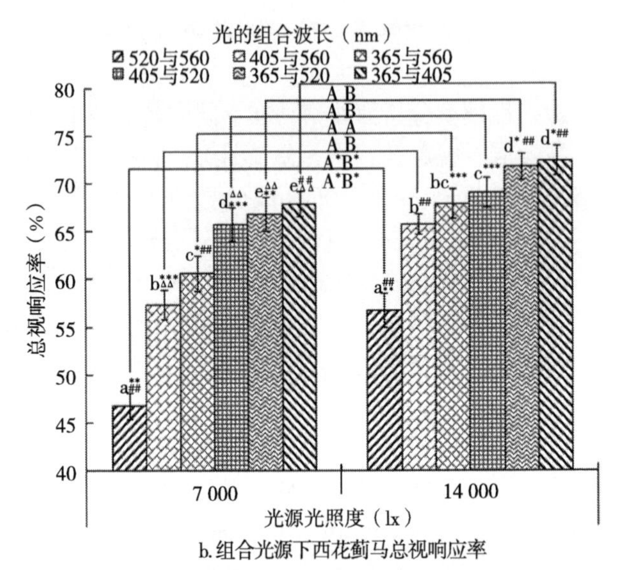

b.组合光源下西花蓟马总视响应率

图 22　西花蓟马对单及组合光的视响应结果

注：结果为均值百分比±标准误（SE）。光照度相同，不同单光源、组合光源之间，相同小写字母表示差异性不显著（$p>0.05$），不同小写字母表示差异性显著（$p<0.05$）。光源相同，不同光照度之间，相同大写字母表示差异性不显著（$p>0.05$），不同大写字母表示差异性显著（$p<0.05$）。*、#、△表示差异性非常显著（$p<0.01$）、**、***、##、###、△△表示差异性极度显著（$p<0.001$）。

由结果可知，365nm 与 405nm、365nm 与 520nm 光中西花蓟马的总响应率分别最高、次高，二者差异性不显著（$p>0.05$），520nm 与 560nm、405nm 与 560nm 光中分别最低、次低，二者差异性极度显著（$p<0.001$）。在 150mm 处，365nm 与 405nm、520nm 与 560nm 光的光能分别最强、最弱，而光照度分别最弱、最强（表 12）。

表 11　单光源在 150mm 处的光参数

波长范围（mm）	光照强度	光源光照度（lx）		光照强度增量
		7 000	14 000	
560	光照度（lx）	68.4	145.6	77.2
	光能（mW/cm²）	0.016	0.049	0.033

（续）

波长范围（mm）	光照强度	光源光照度（lx）		光照强度增量
		7 000	14 000	
520	光照度（lx）	55.9	122.6	66.7
	光能（mW/cm^2）	0.012	0.028	0.016
405	光照度（lx）	43.2	102.9	59.7
	光能（mW/cm^2）	0.049	0.076	0.027
365	光照度（lx）	34.1	87.6	53.5
	光能（mW/cm^2）	0.052	0.092	0.040

单光源的光照度由 7 000lx 增至 14 000lx，西花蓟马在相同光源波长下的总响应率显著增强（$p<0.01$：$F_{405nm}=72.097$，$F_{520nm}=73.50$，$F_{560nm}=65.412$，；$F_{365nm}=180.50$，$p<0.001$）（图 21a），在 150mm 处，波谱光照度均增强，而 365nm 与 405nm、520nm 与 560nm 光的光能增量分别最强、最弱，520nm、560nm、365nm 与 405nm 光的光照度增量分别最强、最弱（表 12）。由结果可知，西花蓟马的总视响应率在 365nm 光中递增变化最显著而在 560nm 光中变化最不显著。由此可知，单光源光照度增强，其光致性光能增量强度影响光对西花蓟马视响应敏感性的强化程度，并与波谱属性有关。

表 12　组合光源在 150mm 处的光照参数

光参数		光源光照度（lx）				7 000lx 增至 14 000lx 时光照强度增量	
		7 000		14 000			
		光照度（lx）	光能（mW/cm^2）	光照度（lx）	光能（mW/cm^2）	光照度（lx）	光能（mW/cm^2）
波长（nm）	560 与 520	131.4	0.026	288.2	0.072	156.8	0.036
	405 与 560	106.3	0.056	236.8	0.112	130.5	0.056
	365 与 560	117.6	0.063	252.5	0.182	134.9	0.119
	405 与 520	89.60	0.071	202.5	0.206	112.9	0.135
	365 与 520	98.40	0.081	218.7	0.236	120.3	0.155
	365 与 405	71.80	0.094	182.6	0.274	110.8	0.180

组合光源的光照度由 7 000lx 增至 14 000lx，西花蓟马在相同组合波长光下的总响应率均增强，且 520nm 与 560nm 光中增强性最显著（$p<0.01$，$F=54.00$），405nm 与 520nm 光中增强性最不显著（$p<0.05$，$F=7.19$）（图 21b）。

结果表明，光源光照度增强，单光源中 365nm、560nm 光的强化效果分别最优、最差，而组合光中 520nm 与 560nm、405nm 与 520nm 光的强化效果分别最优、最差。经对比，14 000lx 时，单光源中西花蓟马对 365nm、520nm 光的视响应敏感性分别最强（69.02%）、最弱（62.34%），而组合光中西花蓟马对 365nm 与 405nm、520nm 与 560nm 光的视响应敏感性分别最强（72.37%）、最弱（56.78%），其源自波谱光照属性的光致能量强度差异。

西花蓟马对单光源及组合光源的视趋响应结果如图 23 所示，单光源及组合光源在 0mm 及 50mm 处的光参数如表 13 和表 14 所示。

单光源光照度相同，西花蓟马在不同波长光中的总视趋响应率差异性极度显著（$p<0.001$：$F_{7\,000lx}=26.88$；$F_{14\,000lx}=21.40$），且 365nm 光的总视趋响应率最高，520nm 光最低（图 23a）。单光源光照度相同，西花蓟马在不同波长光照射下视趋响应率差异性极度显著（$p<0.001$：$F_{7\,000lx}=37.60$；$F_{14\,000lx}=118.80$），但 365nm 光视趋响应率最高，560nm 光最低（图 23b）。不同波长对西花蓟马视趋对比响应率的影响不同（$p<0.05$，$F_{7\,000lx}=2.73$；$p<0.05$，$F_{14\,000lx}=6.08$），560nm 光下西花蓟马的视趋对比响应率最高（图 23c）。在 50mm 处，光源光照度为 7 000lx、14 000lx 时，365nm、520nm 光的光照度分别最强，560nm、405nm 光分别最弱；在 0mm 处，365nm、560nm 光源电热及光能分别最强、最弱（表 13）。由此可知，波谱光致能量强度属性决定西花蓟马的视趋敏感性，且波谱发光导致的光源电热及光能强度属性强化西花蓟马的视趋程度，而波谱光致光照度强度呈推拉调控作用，波谱属性决定其推拉调控程度，且 560nm 光推作用显著。

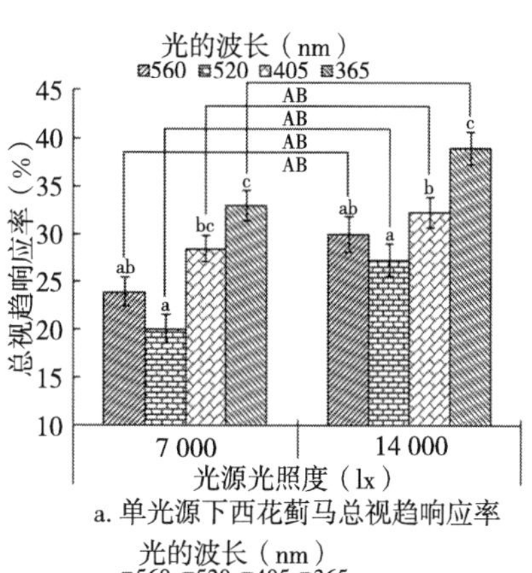

a. 单光源下西花蓟马总视趋响应率

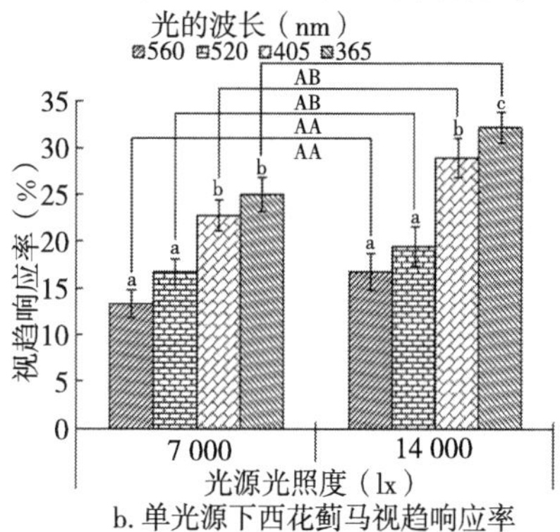

b. 单光源下西花蓟马视趋响应率

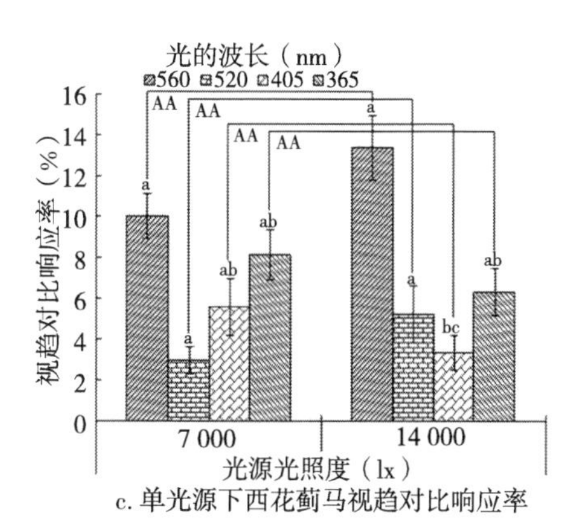

c. 单光源下西花蓟马视趋对比响应率

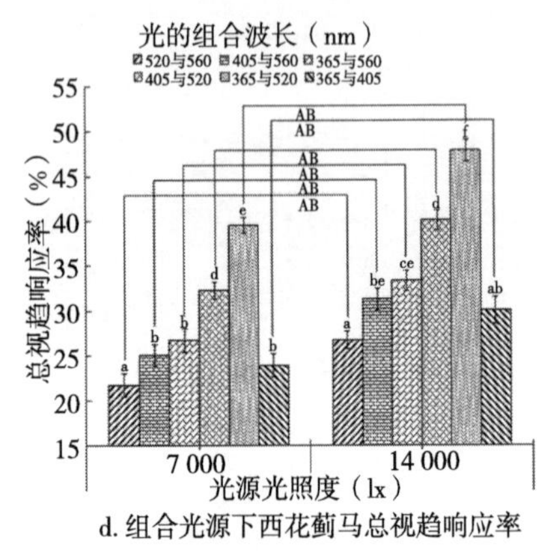

d. 组合光源下西花蓟马总视趋响应率

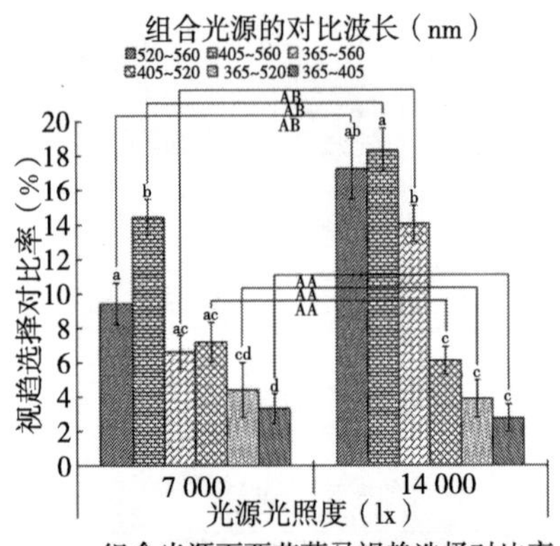

e. 组合光源下西花蓟马视趋选择对比率

图 23　西花蓟马对单光源及组合光源的视趋响应结果

注：相同光源光照度，不同光的波长、组合波长或组合光源的对比波长之间，不同小写字母表示差异性显著；相同光的波长、组合波长或组合光源，不同光源光照度之间，不同大写字母表示差异性显著。

表 13 单光源在 0nm 及 50mm 处的光参数

<table>
<tr><td rowspan="3">光距（mm）</td><td colspan="8">光源光照度（lx）</td></tr>
<tr><td colspan="4">7 000</td><td colspan="4">14 000</td></tr>
<tr><td colspan="2">0</td><td colspan="2">50</td><td colspan="2">0</td><td colspan="2">50</td></tr>
<tr><td rowspan="2" colspan="2">光参数</td><td>光源电热</td><td>光能</td><td>光照度</td><td>光能</td><td>光源电热</td><td>光能</td><td>光照度</td><td>光能</td></tr>
<tr><td>（W）</td><td>（mW/cm²）</td><td>（lx）</td><td>（mW/cm²）</td><td>（W）</td><td>（mW/cm²）</td><td>（lx）</td><td>（mW/cm²）</td></tr>
<tr><td rowspan="4">波长（nm）</td><td>560</td><td>0.025</td><td>12.38</td><td>286</td><td>0.064</td><td>0.104</td><td>19.50</td><td>882.6</td><td>0.205</td></tr>
<tr><td>520</td><td>0.036</td><td>19.62</td><td>376</td><td>0.073</td><td>0.152</td><td>28.59</td><td>1 682.0</td><td>0.308</td></tr>
<tr><td>405</td><td>0.425</td><td>32.80</td><td>420</td><td>0.154</td><td>1.034</td><td>44.74</td><td>573.2</td><td>0.396</td></tr>
<tr><td>365</td><td>0.580</td><td>48.50</td><td>486</td><td>0.275</td><td>1.255</td><td>63.52</td><td>629.6</td><td>0.416</td></tr>
</table>

单光源的光照度由 7 000lx 增至 14 000lx，365nm 光的强化效果最强，520nm 光的影响增效性最强，560nm 光的视趋诱导增效性最强；且 14 000lx 时，365nm 光中，西花蓟马视趋敏感性、趋近敏感性最强，分别为 38.97%、32.29%，而 560nm 光中西花蓟马视趋忌避性最强，为 13.34%。

表 14 组合光源在 50mm 处的光参数

<table>
<tr><td rowspan="4" colspan="2">光参数</td><td colspan="4">光源光照度（lx）</td><td colspan="2" rowspan="2">7 000lx 增至 14 000lx 时光照强度增量</td></tr>
<tr><td colspan="2">7 000</td><td colspan="2">14 000</td></tr>
<tr><td>光照度</td><td>光能</td><td>光照度</td><td>光能</td><td>光照度</td><td>光能</td></tr>
<tr><td>（lx）</td><td>（mW/cm²）</td><td>（lx）</td><td>（mW/cm²）</td><td>（lx）</td><td>（mW/cm²）</td></tr>
<tr><td rowspan="6">波长（nm）</td><td>520 与 560</td><td>509.4</td><td>0.132</td><td>2 334.6</td><td>0.511</td><td>1 825.2</td><td>0.379</td></tr>
<tr><td>405 与 560</td><td>532.6</td><td>0.219</td><td>2 210.4</td><td>0.627</td><td>1 677.8</td><td>0.408</td></tr>
<tr><td>405 与 520</td><td>562.3</td><td>0.253</td><td>1 483.2</td><td>0.724</td><td>920.9</td><td>0.471</td></tr>
<tr><td>365 与 560</td><td>613.1</td><td>0.238</td><td>2 010.3</td><td>0.682</td><td>1 397.2</td><td>0.444</td></tr>
<tr><td>365 与 520</td><td>596.5</td><td>0.327</td><td>1 328.7</td><td>0.815</td><td>732.2</td><td>0.488</td></tr>
<tr><td>365 与 405</td><td>475.4</td><td>0.229</td><td>1 031.5</td><td>0.634</td><td>556.1</td><td>0.404</td></tr>
</table>

组合光源的光照度相同，西花蓟马在不同组合光源中的总视趋响应率差异性极度显著（$p<0.001$，$F_{7\ 000lx}=83.28$，$F_{14\ 000lx}=$

77.68）（图 23d），且 365nm 与 520nm 光的总视趋响应率最高，520nm 与 560nm 光最低。50mm 处，365nm 与 520nm、520nm 与 560nm 光的光能分别最强、最弱；365nm 与 405nm 光光照度最弱，7 000lx、14 000lx 时，分别为 365nm 与 560nm、520nm 与 560nm 光的光照度最强。由此可知，组合光耦合性能量强度决定西花蓟马的视趋敏感性，而耦合性光照度的作用不显著。但西花蓟马对较短波长光的视趋选择敏感性强于长波长光（图 23e），且组合光中短波长光源电热及光能强度在 50mm 处能量强度强于长波长光（表 14），西花蓟马对光的趋近选择敏感性与光源电热及其波谱光能强度有关。

组合光源的光照度由 7 000lx 增至 14 000lx，在 50mm 处，365nm 与 520nm、520nm 与 560nm 光的光能增量，520nm 与 560nm、365nm 与 405nm 光的光照度增量分别最强、最弱（表 14）。由此可知，西花蓟马视趋敏感性的强化效果与组合波谱光至耦合性光能强度增量有关。光源光照度增强，560nm 光推作用强化西花蓟马视趋敏感选择 520nm、405nm、365nm 光，且 520nm 与 560nm 光中 560nm 光推强化作用最显著（$p<0.01$，$F=98.00$）（图 23e）。在 50mm 处，520nm、365nm 光的光照强度增量，在 0mm 处，365nm、520nm 光源电热及光能增量，分别最强、最弱（表 14），520nm、405nm 光源光照强度增量分别相对弱化西花蓟马对 365nm、405nm、365nm 光的视趋敏感性，而光源电热及光能增量决定视趋敏感性强度。

结果表明，14 000lx 时，365nm 与 520nm 光西花蓟马的视趋敏感性最强（47.87%）、405nm 与 520nm 光次之（40.08%），405nm 与 560nm 光中 560nm 光推西花蓟马视趋选择 405nm 光的作用最显著（18.37%）、520nm 与 560nm 光次之（17.26%）。

3.1.3 讨论

昆虫光趋性是昆虫接受光刺激后表现出来的一种综合输出反应，研究表明，昆虫视觉生理功能多样性及感光节律变化适应性是其视行为活动复杂性的基础，而昆虫复眼敏感性是影响昆虫行为反应重要但并非唯一的因素，且行为研究验证了昆虫对光照波谱的异质敏感性[34]，但光质光照属性对昆虫光趋性的特异影响程度及昆虫趋光敏感因素不明确。本文表明，波长光质属性的光能量强度显著影响西花蓟马的视响应敏感性及视趋敏感性，而西花蓟马视响应敏感性的强化效果，与单光源光能、组合光源光照度的增量强度有关，且西花蓟马视趋敏感性的增效性与光能增量强度有关，但组合光源中西花蓟马视响应敏感性与视趋敏感性波谱光质属性不同，且光源电热及光能强度影响西花蓟马的趋近选择敏感性。这些结果对揭示昆虫趋光变化本质的深层原因具有重要意义。

本研究显示，光源光照度相同，560nm 与 520nm、405nm、365nm 光耦合，光照强度较强抑制西花蓟马视响应敏感性，且 520nm 与 560nm 耦合光的抑制性最强，而 520nm 与 405nm、365nm 光耦合，分别相对于 405nm、365nm 光，光照强度较强并强化西花蓟马视响应敏感性，且 520nm 与 405nm 光的强化性最弱。研究表明，昆虫视响应敏感性与波谱光照强度产生的生物光电效应有关，且光致趋光诱导响应阈值与视觉需要程度相对应，而耦合波谱光照波导特性对光感受器光谱特性的叠加刺激效应，耦合光照时长对趋光敏感活性的激发效应，耦合光照强度对感光器的协同影响性[35,36]，导致耦合波谱光照调控西花蓟马视生理生化状态并产生视敏变异效应，且耦合光照中，560nm、520nm 光分别抑制、强化西花蓟马的视响应敏感性，而 405nm 与 365nm 光致作用性最强，其与波谱属性光能强度有关，但光源光照度增强，耦合光照相对单光源的调控程度降低，其源自光能强度接近视感受器的阈值极限而干扰视响应敏感性。

研究表明，昆虫依据刺激强度而调节趋光行为，其动态趋性、光属性强度、光致视色素（感光、屏蔽、光敏）变化产生的视状态等影响趋光运动强度，并产生不同的行为响应[37]。本文发现，单光源中，西花蓟马对黄光的视趋敏感性强于绿光，使西花蓟马对绿光的趋近敏感性强于黄光，且西花蓟马对 365nm 光的视趋敏感性及趋近敏感性均最强、405nm光次之。而且，365nm、405nm光源电热和光能以及在50mm处光能强度分别最强、次强，560nm、520nm光最弱、次弱，405nm及365nm短波谱光能强度、520nm及560nm长波谱属性决定西花蓟马视趋敏感性，且西花蓟马的趋近敏感性与光源电热及光能强度显著相关。研究表明，昆虫属变温动物，温度及光源强度影响其上灯行为，且昆虫依据光照强度和温度的改变调整其趋光强度，并与光致昆虫生理状态、复眼状况相关[38]。而光源电热和光能越强，其光热效应越强，致使昆虫复眼及生物色素对光的生物活性越强，因而，西花蓟马视趋敏感性及趋近敏感性与波谱光电致热效应显著相关，即昆虫视敏波谱属性的光热生物致变效应是影响昆虫趋光上灯的重要影响因素，且光源光照度增强产生的光热效应增强，强化西花蓟马的视趋敏感性及趋近敏感性，而强化效应与光热效应增量相关。

但西花蓟马对560nm、520nm光的视趋敏感性及趋近敏感性差异，可能源自二者光热效应对西花蓟马小眼瞳孔变化的影响差异[39]，并对西花蓟马视趋敏感性及趋近敏感波谱光照产生推拉效应，导致西花蓟马对365nm与520nm、520nm与560nm耦合光照的视趋敏感性分别最强、最弱，而对405nm与560nm、365nm与405nm光的对比率分别最高、最低，且光照强度增强，强化560nm、520nm光分别在耦合光照中的推拉效果，并与耦合光能强度，组合、单光源电热和光能强度产生的光热效应显著相关。

3.2 波谱光照效应对西花蓟马趋光响应变化的作用效果

3.2.1 试验设计

为明确光致西花蓟马视响应效应特征及光致影响效应，确定西花蓟马光致特异性视响应影响因素，获得西花蓟马光生物响应效应的致变因素，研制蓟马类害虫光推拉防控机具，本研究以河南省农业科学院蔬菜花卉示范基地内繁殖 3～4 代且羽化 1～2 日龄的健壮西花蓟马雌成虫为试虫，利用西花蓟马对单光的视响应效应测定装置（图 24），于每天 20：00－22：00 时，在暗室内试验温度（27±1)℃，相对湿度（65±2.5)％），测试光能下西花蓟马对峰值波长分别为 560nm（黄）、520nm（绿）、405nm（紫）、365nm（紫外）单光的视响应效应，以此确定光致西花蓟马视响应变化因素，获得西花蓟马光行为调控性视敏参数。

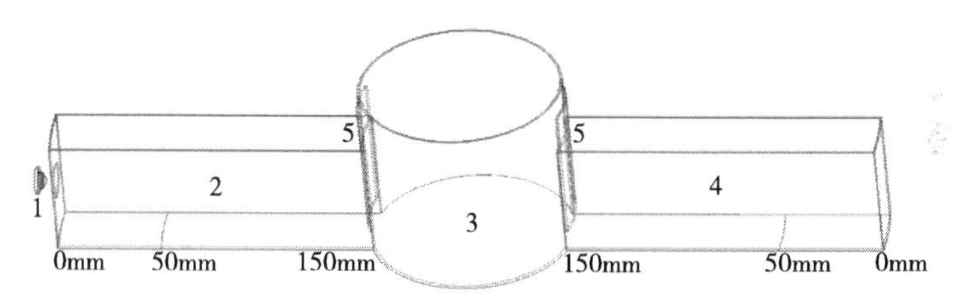

图 24　西花蓟马对单光的视响应效应测定装置
1. 单光谱光源　2. 试虫视响应通道　3. 试虫反应室
4. 对照通道　5. 闸门

装置中，通道 2 前端依次放置 4 个波长不同（560nm、520nm、405nm、365nm）的 3W LED 光源，并针对每个 LED 光源（35mW/cm^2、70mW/cm^2、140mW/cm^2）的 3 个光照入射能量（辐照计标定，型号为 FZ-A，分辨率为±5％），分别备 3 组西花蓟马（60 只/组）试虫并进行 30 min 暗适应后进行测试。

在以上试验的基础上，利用西花蓟马对组合光的视响应效应测定装置（图 25），测试西花蓟马对组合波谱光照的视响应效应，以此探讨光调控西花蓟马视响应效应的光致变影响机制。

装置中，视响应通道前端伸出夹角为 30°的两臂，形成视选择通道 1 和视选择通道 2（长×宽×高为 50mm×40mm×60mm）。两光源置于两臂前端（光源辐照能量相同：35mW/cm^2、70mW/cm^2、140mW/cm^2），其光照各自由中心孔入射于通道 1 和通道 2 中，并在视响应通道中形成耦合光照，以分析视响应西花蓟马的视敏变化效应。光源 1 与光源 2 的 V 形组合波谱为：黄与绿、黄与紫、黄与紫外、绿与紫、绿与紫外、紫与紫外。针对每个组合波谱

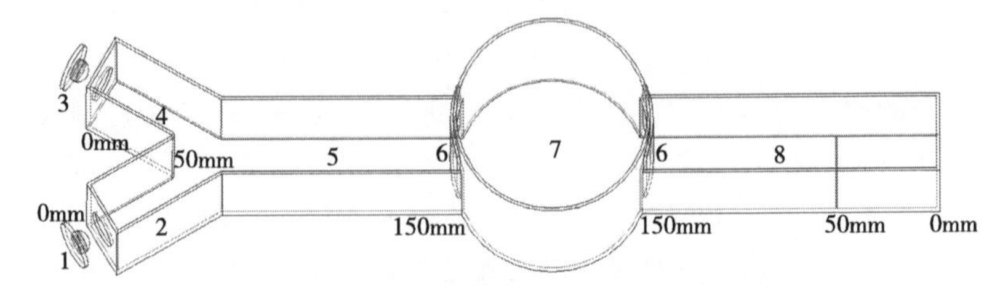

图 25　西花蓟马对组合光的视响应效应测定装置

1. 光源 1　2. 视选择通道 1　3. 光源 2　4. 视选择通道 2
5. 视响应通道　6. 闸门　7. 试虫反应室　8. 对照通道

对应的辐照能量，各备 3 组（30 只/组）试虫进行测试。

3.2.2　试验数据处理与分析

利用视响应率（%）、趋近率（%）分别反映各波谱光照下 3 组西花蓟马在视响应通道 0～150mm、0～50mm 内的分布均值与 30 只西花蓟马的百分比，分析各波谱光照中西花蓟马视响应敏感性、视趋敏感性。计算视响应率与趋近率差值，取二者差值与视响应率的比值，利用视滞响应率（%）反映各波谱光照中视响应西花蓟马在 50～150mm 内的视滞敏感性。利用趋近选择对比率（%）反映 3 组蓟马在通道 1 和通道 2 中分布均值差与 30 只西花蓟马的百分比，分析视响应西花蓟马的趋近选择敏感性。利用辐照计及光照度计（Model：TES－1335，Resolving power：0.01 lx）测试视响应通道中 50nm、150mm 处的光照强度（光能及光照度），计算 50～150mm 内的衰减差值及光源的电热（$U\times I\times t$），分析光参数及光源电热对西花蓟马视响应效应的调控影响。采用一般线性模型分析西花蓟马对各波谱光照的视响应效应（视响应敏感性、视滞敏感性、视趋敏感性、视选择敏感性），并采用差异水平 $p=0.05$ 的 LSD 试验进行多重分析。试验数据采用 Excel 软件和 SPSS16.0 数据处理系统进行统计分析。

西花蓟马对单光及组合光的视响应敏感性结果如图 26 所示，单光在 150mm 处的光参数如表 15 所示。

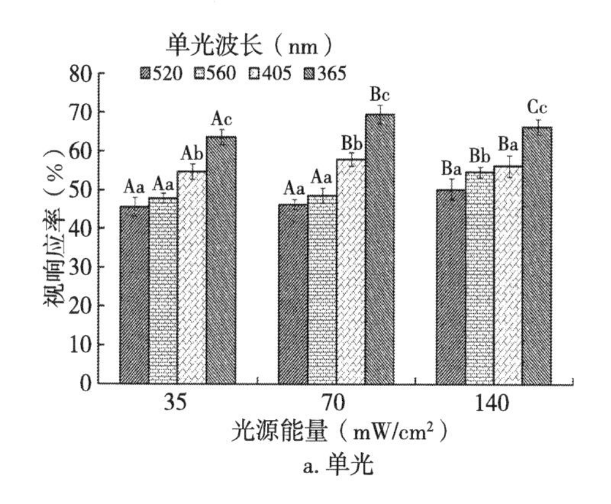

a. 单光

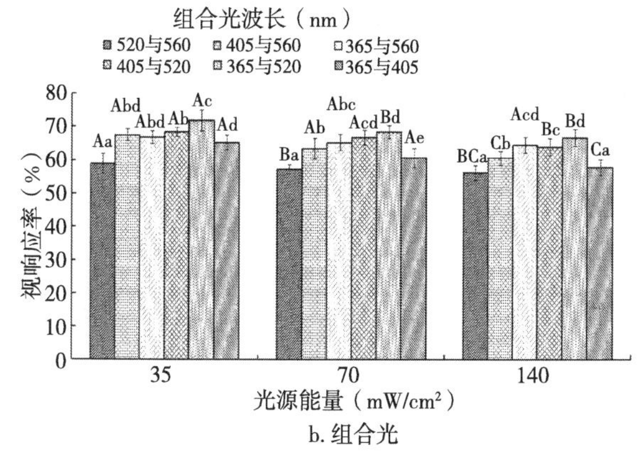

b. 组合光

图 26　西花蓟马对波谱光照的视响应敏感性

注：结果为均值百分比±标准误（SE）。光能相同，不同单、组合光之间，相同小写字母表示差异性不显著（$p>0.05$），不同小写字母表示差异性显著（$p<0.05$）单、组合光相同，不同光能之间，相同大写字母表示差异性不显著（$p>0.05$），不同大写字母表示差异性显著（$p<0.05$）。

光源能量相同，单光波长不同，在150mm处，365nm光致光能最强，520nm最弱（表15），且365nm光西花蓟马视响应率最高，520nm光最低（$p<0.001$，$F_{35mW/cm^2}=137.778$；$F_{70mW/cm^2}=244.167$；$F_{140mW/cm^2}=100.00$）（图26a），表明波谱光致能量强度显著影响西花蓟马视响应敏感性。单光波长相同，光源能量不同，

西花蓟马视响应率不同（$p<0.01$，$F_{560nm}=26.60$、$F_{520nm}=11.40$、$F_{365nm}=9.00$；$p<0.05$，$F_{405nm}=18.20$），且560nm及520nm光中140mW/cm²下西花蓟马视响应敏感性最强，405nm及365nm光中35mW/cm²下最弱、70mW/cm²下最强（图26a），源于560nm及520nm光照强度、405nm及365nm光能变化强度对西花蓟马感应敏感性的调控差异，且365nm光70mW/cm²下西花蓟马视响应敏感性最强（69.58%）。

表15　单光在150mm处的光参数

波长（nm）	光源能量（mw/cm²）					
	35		70		140	
	光照度（lx）	光能（mW/cm²）	光照度（lx）	光能（mW/cm²）	光照度（lx）	光能（mW/cm²）
560	262.4	0.052	396.6	0.102	630.0	0.176
520	143.5	0.036	362.7	0.087	580.0	0.152
405	90.4	0.069	158.6	0.113	374.6	0.213
365	78.6	0.071	133.7	0.135	310.4	0.234

组合光在150mm处的光参数如表16所示。

表16　组合光在150mm处的光参数

波长（nm）	光源能量（mw/cm²）					
	35		70		140	
	光照度（lx）	光能（mW/cm²）	光照度（lx）	光能（mW/cm²）	光照度（lx）	光能（mW/cm²）
520与560	390	0.097	740	0.158	1 102	0.276
405与560	280	0.121	576	0.185	913	0.315
365与560	220	0.134	488	0.250	826	0.347
405与520	180	0.106	420	0.165	742	0.356
365与520	160	0.128	370	0.233	628	0.336
365与405	105	0.148	238	0.285	486	0.421

光源能量相同，组合光波长不同，在150mm处，520nm与560nm光的光能最弱而光照度最强，365nm与405nm光相反（表16），而365nm与520nm光的西花蓟马视响应率最高，520nm与560nm光

最低、365nm 与 405nm 光次低（$p<0.001$：$F_{35mW/cm^2}=18.227$；$F_{70mW/cm^2}=23.251$；$F_{140mW/cm^2}=51.397$）（图 26b），则组合光耦合强度差异抑制西花蓟马视响应敏感性。光源能量增至 140mW/cm^2，组合波长相同，405nm 与 560nm 及 365nm 与 405nm 光在 150mm 处光照强度变化最强，而西花蓟马视响应率降低（$p<0.05$，$F_{520nm与560nm}=7.80$、$F_{405nm与520nm}=7.01$、$F_{365nm与520nm}=10.86$；$p<0.01$，$F_{405nm与560nm}=18.20$、$F_{365nm与405nm}=25.73$；$p>0.05$，$F_{365nm与560nm}=1.88$），且 405nm 与 560nm 及 365nm 与 405nm 光，其差异性最显著（图 26b，表 16），则西花蓟马视响应抑制程度与组合光光照强度变化程度有关，且 365nm 与 520nm 光、35mW/cm^{2}下西花蓟马视响应敏感性最强（71.81%）。

西花蓟马对波谱光的趋近选择及视趋敏感性如图 27 示，单光在 50mm 处的光参数如表 17 示。

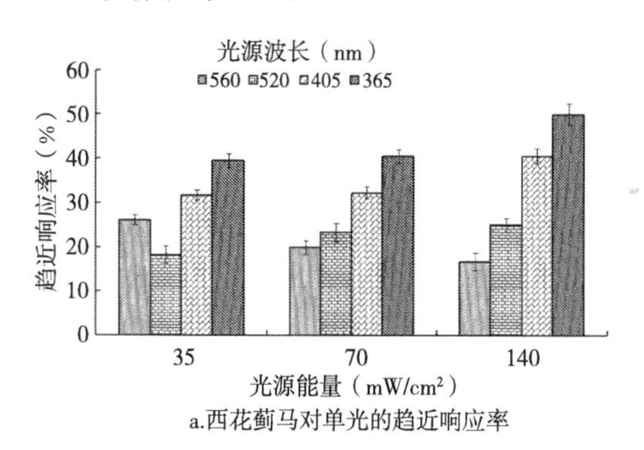

a.西花蓟马对单光的趋近响应率

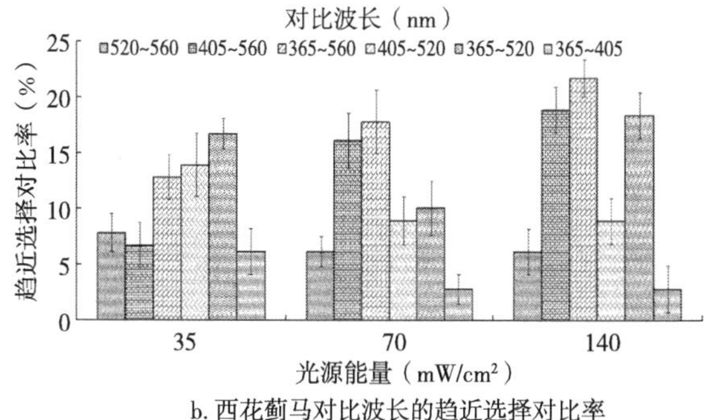

b. 西花蓟马对比波长的趋近选择对比率

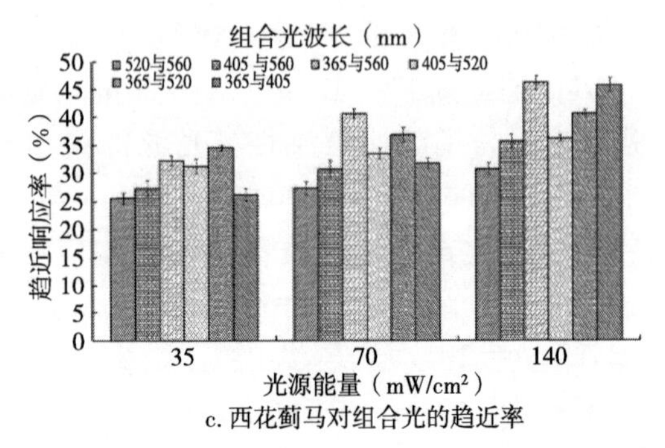

c. 西花蓟马对组合光的趋近率

图 27　西花蓟马对波谱光照的趋近选择及视趋敏感性

表 17　单光在 50mm 处的光参数

波长（nm）	光源能量（mW/cm²）								
	35			70			140		
	光源电热（W）	光照度（lx）	光能（mW/cm²）	光源电热（W）	光照度（lx）	光能（mW/cm²）	光源电热（W）	光照度（lx）	光能（mW/cm²）
560	0.258	2 620	0.604	0.392	3030	0.723	0.750	5640	1.680
520	0.288	2360	0.423	0.435	2768	0.975	1.452	5410	1.830
405	0.319	980	0.798	0.650	1467	1.214	1.530	3980	2.210
365	0.450	740	0.909	0.736	1220	1.319	1.680	3090	2.430

注：表中电热为两光源通过电阻调节达到相同光能时计算所得，其包括调节电阻的电热，余同。

光源能量相同，单光波长不同，在 50mm 处，560nm 光的光照度最强、520nm 光次之，365nm 光的光源电热最强（表 17）、而 35mW/cm² 下 520nm 光，70mW/cm² 及 140mW/cm² 下 560nm 光趋近率最低，365nm 光最高（$p<0.001$：$F_{35\,mW/cm^2}=128.667$；$F_{70\,mW/cm^2}=138.792$；$F_{140\,mW/cm^2}=292.40$）（图 27a）。光源能量增至 140mW/cm²，520nm 光照度、405nm 及 365nm 光能变化较强（表 17），而 560nm 光西花蓟马趋近率降低（$p<0.01$，$F=31.857$），其余光均提高（$p<0.01$，$F_{520nm}=13.00$；$p<0.001$，$F_{405nm}=48.20$、$F_{365nm}=65.40$）（图 27a），光源能量增强，加剧波

谱属性的作用效果。

结果显示，520nm 光照度抑制、405nm 及 365nm 光能强化西花蓟马视趋敏感性，经对比，140mW/cm^{2}下 365nm 光中西花蓟马视趋敏感性最优（50.10%）。

光源能量相同，单光条件，视响应西花蓟马对短波长光的视趋敏感性强于长波长光（图 27a）。组合光条件下，且 35mW/cm^{2}下 365～520nm 光，70mW/cm^{2}及 140mW/cm^{2}下 365nm 与 560nm 光的趋近选择对比率最高（图 27b），不同单光源电热及 50mm 处光能差别最大，而 365nm～405nm 光趋近选择对比率最低，光源电热及 50mm 处辐照能量差别最小（图 27b；表 17），则西花蓟马在耦合光中的趋近选择敏感性与光源电热及波谱能量强度有关。

组合光在 50mm 处的光参数如表 18 所示。

表 18　组合光在 50mm 处的光参数

组合波长（nm）	光源能量（mW/cm^2）								
	35			70			140		
	光源电热（W）	光照度（lx）	光能（mW/cm^2）	光源电热（W）	光照度（lx）	光能（mW/cm^2）	光源电热（W）	光照度（lx）	光能（mW/cm^2）
520 与 560	0.65	3 340	1.07	0.91	5 830	2.45	2.28	9 910	3.55
405 与 560	0.64	2 890	1.78	0.93	3 710	2.98	2.34	8 560	3.76
405 与 520	0.72	2 220	1.95	1.58	3 420	3.09	2.94	7 670	3.92
365 与 560	1.51	2 170	2.08	1.71	3 850	3.48	3.69	8 280	4.41
365 与 520	1.07	1 650	2.23	1.76	3 210	3.32	2.97	7 210	3.93
365 与 405	0.63	890	1.33	0.97	1 510	2.71	3.27	3 850	4.19

组合光不同，35mW/cm^{2}下 365nm 与 520nm、70mW/cm^{2}及 140mW/cm^{2}下 365nm 与 560nm 光趋近率最高且在 50mm 处光能均最强，520nm 与 560nm 光趋近率最低且在 50mm 处光能最弱（$p<0.001$，$F_{35mW/cm^2}=43.20$、$F_{70mW/cm^2}=35.575$、$F_{140mW/cm^2}=118.66$）（图 27c；表 18），且 35mW/cm^{2}及 140mW/cm^{2}下 365nm 与 560nm、70mW/cm^{2}下 365nm 与 520nm 光源电热最高，则组合

光能量强度决定西花蓟马趋近敏感性。光源能量增至 140mW/cm²，西花蓟马趋近率提高（$p<0.01$，$F_{520nm与560nm}=20.46$、$F_{405nm与520nm}=12.20$、$F_{365nm与520nm}=18.60$；$p<0.001$，$F_{405nm与560nm}=195.0$、$F_{365nm与560nm}=158.33$、$F_{365nm与405nm}=195.0$），且 365nm 与 405nm 光的增效性最强（19.49%）、365nm 与 560nm 光次之（13.91%）（图 27c），源于组合光光照强度耦合变化效应对西花蓟马趋近敏感性的调控差异（表 18），而 140mW/cm² 下 365nm 与 560nm 及 365nm 与 405nm 光中西花蓟马趋近敏感性较强（46.00%）。

西花蓟马对波谱光的视滞敏感性结果如图 28 所示，单光在 50～150mm 处的衰减性光参数如表 19 所示。

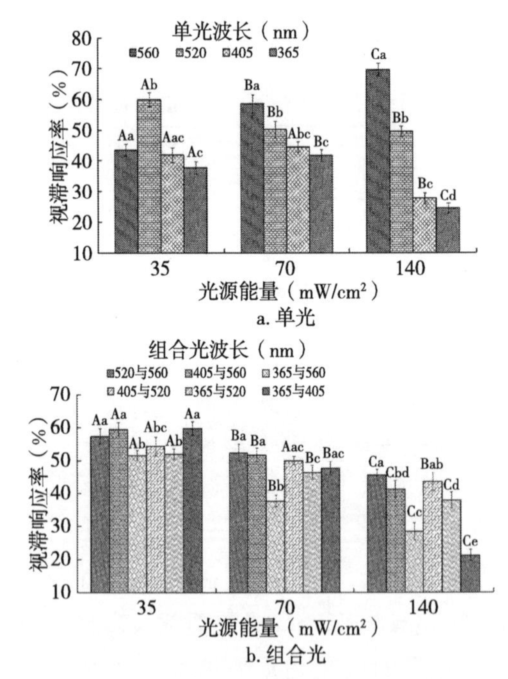

图 28　西花蓟马对波谱光照的视滞敏感性

注：相同光源能量下，不同单光或组合光波长之间，不同小写字母表示差异性显著（$p<0.05$）；单光或组合光波长相同，不同光源能量之间，不同大写字母表示差异性显著（$p<0.05$）。

表 19　单光在 50～150mm 处的衰减性光参数

波长 (nm)	光源能量 (mW/cm²)					
	35		70		140	
	光照度 (lx)	光能 (mW/cm²)	光照度 (lx)	光能 (mW/cm²)	光照度 (lx)	光能 (mW/cm²)
560	2 307.6	0.532	2 633.4	0.621	4 810.0	1.542
520	2 166.5	0.377	2 405.3	0.888	4 730.0	1.688
405	874.6	0.709	1 308.4	1.101	3 555.4	1.997
365	646.4	0.818	1 086.3	1.184	2 719.6	2.176

35mW/cm² 下 520nm、70mW/cm² 及 140mW/cm² 下 560nm 光西花蓟马视滞响应率最高而光能最低，365nm 光视滞响应率最低且光能最强（$p<0.001$，$F_{35mW/cm^2}=28.547$、$F_{140mW/cm^2}=141.766$；$p<0.01$，$F_{70mW/cm^2}=13.755$）（图 28a；表 19），则西花蓟马视滞敏感性与波谱光能强度有关。

光源能量增至 140mW/cm²，560nm 光视滞响应率增强（$p<0.01$，$F=29.649$）、520nm 光降低（$p<0.05$，$F=6.962$）、405nm 和 365nm 光表现为先增后降，源于波谱光照强度衰减变化差异，且 140mW/cm²、365nm 光下西花蓟马视滞敏感性最弱（24.36%）。

组合光在 50～150nm 处的衰减性光参数如表 20 所示。

35mW/cm² 及 70mW/cm² 下 365nm 与 560nm 光西花蓟马视滞响应率最低，70mW/cm³、140mW/cm³ 下 365nm 与 560nm 的光能最强，140mW/cm² 下 365nm 与 405nm 光西花蓟马视滞响应率最低且其光照度最弱，而 365nm 与 560nm 光的光照度最强（$p<0.01$，$F_{35mW/cm^2}=10.213$；$p<0.001$，$F_{70mW/cm^2}=11.794$、$F_{140mW/cm^2}=67.22$）。光源能量增至 140mW/cm²，西花蓟马视滞响应率降低，而 365nm 与 405nm 光降低最显著（$p<0.001$）（图 28b，表 20）。由此可知，组合光光照度、光能量传播变化强度分别强化、弱化西花蓟马视滞敏感性，经对比，140mW/cm² 下 365nm 与 405nm 光西花蓟马视滞敏感性最弱（21.15%）。

表 20　组合光在 50～150mm 处的衰减性光参数

波长（nm）	光源能量（mW/cm²）					
	35		70		140	
	光照度（lx）	光能（mW/cm²）	光照度（lx）	光能（mW/cm²）	光照度（lx）	光能（mW/cm²）
520 与 560	2 780	0.963	4 990	2.292	8 520	3.314
405 与 560	2 314	1.649	3 134	2.795	7 647	3.459
405 与 520	5 310	1.834	6 300	2.925	7 328	3.569
365 与 560	6 200	1.916	7 560	3.230	7 814	4.079
365 与 520	4 280	2.078	6 040	3.097	6 930	3.615
365 与 405	565	1.152	1 212	2.425	1 444	3.699

3.2.3　讨论

昆虫视觉系统接受光刺激后的活动行为类别和强度，取决于光信息的类型及其质和量[40]。研究表明，色光强度影响西花蓟马的色觉选择敏感性，且 LED 波谱发光强度可使其产生特定的趋光响应活动[41]。本文发现 LED 波谱光照强度（光照度和光能量）的梯度变化效应影响西花蓟马光响应的视敏属性，为研发害虫防控新技术提供了理论基础。

利用光源防控害虫，目前侧重于光波长和光强度对昆虫视响应敏感性的调控效应，很少涉及波谱光照强度的光致影响效应。本研究发现，光照能量相同，单光 365nm 光光致敏感性最强且 150mm 处光光能最强而光照度最弱，组合光中 365nm 与 520nm 光光致敏感性最强、520nm 与 560nm 光光致敏感性最弱且 150mm 处光照度最强而光能最弱，表明单波谱光能强度和组合光耦合属性影响西花蓟马视响应敏感性。光照能量增强，西花蓟马视响应敏感性与黄光及绿光光照度、紫光及紫外光的光能调控性有关，并导致组合光抑制西花蓟马视响应敏感性。研究指出，昆虫应答光刺激作出的行为响应，与波谱光能刺激昆虫视觉系统产生的视反应电位强度有关，且紫外光敏感性和色光强度对抗性的作用显著[42]，因此，35mW/cm^{2}下 365nm 与 520nm 光西花蓟马视响应敏感性最强，70mW/cm^{2}下 365nm 光次之，表明紫外光强度影响西花蓟马对 520nm 及 560nm 光的响应敏感性，源于单光与组合光的光致调控性生物光电效应差异。

已有研究从环境因素、光照强度、昆虫生理状态探讨影响害虫趋光及上灯的原因[20]。本研究发现，波谱光照强度导致趋光西花蓟马产生视滞光适性、视趋上灯性行为变化响应，但光的调控作用导致西花蓟马视敏波谱选择性光照特性发生变化，其与昆虫行为反应中的光波长、光照强度选择机制略有不同[43]，可能源于光照度与光能的差异刺激效应引起的光生物响应变化调节效应。西花蓟马视滞光适性结果显示，光能由 35mW/cm^2 增至 70mW/cm^2，单光中 520nm 光显著抑制西花蓟马视滞敏感性且光照度最强，由 70mW/cm^{2}增至 140mW/cm^2，365nm 光抑制性最显著且光能最强，表明单光抑制程度与波谱光能强度有关，而组合光中，365nm 与 405nm 光抑制性最显著，520nm 与 560nm 光西花蓟马视滞敏感性最强，其与两波谱耦合性光照强度有关。

研究表明，昆虫光响应适应性功能，与光致昆虫复眼变化效应、内源神经调控性状态有关，源于机体内部自发的调节变化或生理需要，导致昆虫对光产生自我调节适应性[44]，因而，光致生物体产生的应激调控效应引起西花蓟马产生视滞光适性。但西花蓟马接受光照刺激将引起视状态、光能在体内积累及体色素变化，能量流动将诱发西花蓟马产生光胁迫性生物效应变化性补偿响应。研究指出，光能够引起昆虫生物学特性发生变化[45]，因此，西花蓟马视滞敏感性与光致西花蓟马生物效应变化的波谱光能强度调控性相关，140mW/cm^{2}下 365nm 与 405nm 光最弱而 560nm 光最强，该结果与紫外光线强化西花蓟马光生物活性而黄光抑制昆虫生物学特性结果相符[46]。

西花蓟马视趋性结果显示，单光中，光源能量相同，波长不同，光源热量（发光生热效应）及 50mm 处光能不同，且二者越强，西花蓟马视趋敏感性越强，表明波谱发光生热效应及光能影响西花蓟马视趋敏感性，而光能增强，560nm 光对西花蓟马视趋敏感性的抑制性最显著，365nm 光的强化性最显著。组合光中，光能增强，西花蓟马视趋敏感性增强，但相对 365nm 光，组合光抑制性显著，且 520nm 与 560nm 光抑制性最显著，其光源电热及光能最弱，相对 520nm 和 560nm 光，组合光强化性显著，且 405nm 和 365nm 光强化性最显著，其光源电热及光能最强而光照度最弱，表明组合波谱光照变化效应影响西花蓟马视趋敏感性。但 140mW/cm^2 下 365nm 光西花蓟马趋近敏感性最强，365nm 与 560nm 及 365nm 与 405nm 光次之，源自西花蓟马对组合光的趋近对比性视选择效应。

有研究表明，热效应增效昆虫的光行为及生理生化响应活性[47]。本研究表明，光源光照能量越强，热效应越强，西花蓟马视趋敏感性越强，表明波谱光电热转换效应影响西花蓟马视趋敏感性。西花蓟马的视趋效应源自西花蓟马感应波谱光热因素产生的光趋近行为，但不同波谱耦合光照调控西花蓟马视状态产生的视敏辨识生物活性效应，影响西花蓟马的视趋活动强度。因此，波谱光致性光电热效应对西花蓟马光生物活性效应的调控性影响西花蓟马的视趋敏感性。

3.3 黄、绿光照对西花蓟马视响应效应的影响及田间验证

紫及紫外光对昆虫诱导的广谱性制约紫及紫外光诱导害虫的应用，相应的，黄、绿光能够有效诱发西花蓟马产生视响应，且黄、绿光可规避广谱诱虫灯的诱集多样性[48]，但黄、绿光照对趋光西花蓟马的调控程度，及其光照因素对西花蓟马的视趋影响强化效应，以及光致西花蓟马视敏效应变化的诱因，制约黄、绿光诱集田间西花蓟马的成功应用。

3.3.1 试验设计

为明确黄、绿光光照特性对西花蓟马视响应效应的影响，确定

西花蓟马光响应调控强化机制，以河南省农业科学院蔬菜花卉示范基地内繁殖多代且羽化 1～2 日龄的健壮雌成虫为试虫，利用装置 1（图 29a），测试西花蓟马对对照黄、绿光的视响应效应，该装置中，黄、绿光源分别置于两通道前端，对照黄、绿光由中心孔射入通道。为确定黄、绿单光对视响应西花蓟马趋近敏感性的调控效应，利用装置 2（图 29b）测试黄、绿组合光的光致西花蓟马视响应效果及视趋选择敏感性，该装置耦合通道的前端伸出两臂（选择通道 1 和通道 2 夹角为 30°），黄、绿两光源置于两臂前端，光照由中心孔入射于通道。在此基础上，利用装置 1，将黄、绿光源分别置于一通道前端，测试西花蓟马对黄、绿单光的视响应效应，明确西花蓟马的视敏光照特性。

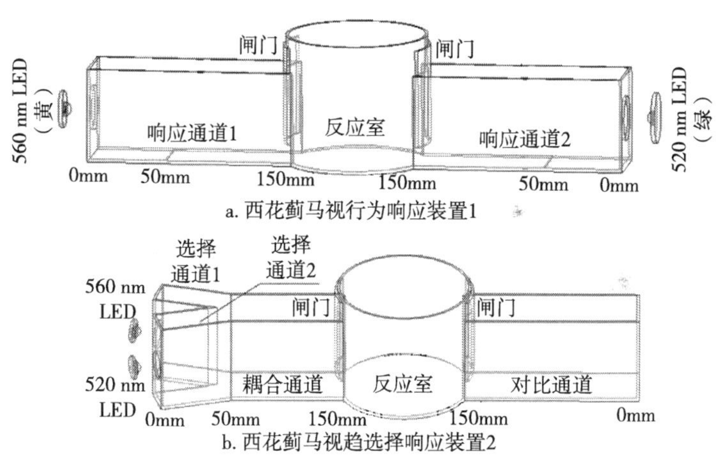

a. 西花蓟马视行为响应装置1

b. 西花蓟马视趋选择响应装置2

图 29 西花蓟马视响应效应测定装置

装置中，3W LED，其峰值波长分别为 520nm（绿）、560nm（黄），作为试验光源。光照度计（型号：TES-1335，分辨率：0.01 lx，Taiwan Taishi Co.，Ltd.）标定试验用光照度为 6 000lx、12 000lx。试验于 20：00—22：00 时在暗室内进行。试验温度为 (27±1)℃，相对湿度为（65±5）%。针对 6 000lx、12 000lx 黄、绿组合光源及黄、绿单光，各备 3 组（60 只/组）暗适应试虫，测试西花蓟马对不同光照方式（对照光、组合光、单光）的视响应效应。

计算西花蓟马分布于0～150mm通道内3次试验均值与60只虫数的百分比，利用视响应率（%）反映西花蓟马的视响应程度，并利用总响应率（%）表示西花蓟马在对照光中对黄、绿单光的视响应率和，结合西花蓟马对单光、组合光的视响应率（%），分析光照方式对西花蓟马视响应效果的影响。计算西花蓟马分布于各通道0～50mm内3次试验均值与60只虫数的百分比，利用趋近率（%）反映视响应西花蓟马对黄、绿光的视趋程度，利用趋近对比率（%）表示不同光照方式中西花蓟马对绿、黄光的趋近率差值均值，反映西花蓟马对绿、黄光的趋近敏感性差异，并利用总趋近率（%）表示对照及组合光中西花蓟马对绿、黄光趋近率和的均值，结合西花蓟马对黄、绿单光的趋近率（%），分析光照方式对西花蓟马视趋效果的影响，确定西花蓟马的趋近敏感性光照特性。

田间试验验证：针对室内试验结果，为确定黄、绿光对田间西花蓟马的诱集效果，田间试验于2021年6月20—26日在河南省郑州市市郊的蔬菜温室大棚（长×宽×高为120m×11m×4m）中进行。温室大棚中混栽辣椒、番茄及黄瓜植株，长势良好，生长基本一致，各植株均处于结果盛期。棚内西花蓟马已繁殖发生多代。

试验光源：为便于诱集及统计趋光上灯的西花蓟马，结合光照白色粘虫板的反射色谱对西花蓟马的引诱性及粘虫板粘虫效果，并利用AvaSpec-ULS、OPM-35S、XL02-PL、SPECTER软件等分析测试光源的光物理特征和光波信息因素，获得光源光照参数，进行光源研制，模块化研制的光源如图30所示。

采用风吸装置和白色粘虫板两种捕集器：风吸装置位于害虫下箱体和收集装置之间；白色粘虫板（粘捕夜间绕灯飞行的西花蓟马）由装夹装置夹持于支杆上。支杆连接上、下箱体：上箱体内置光控雨控系统；下箱体呈倒漏斗状，利用风吸将西花蓟马捕集到风吸装置内。发光体置于上、下箱体的光体支撑架上，由LED排列制成。发光体光谱为黄光（560nm）、绿光（520nm）、黄光：绿光=

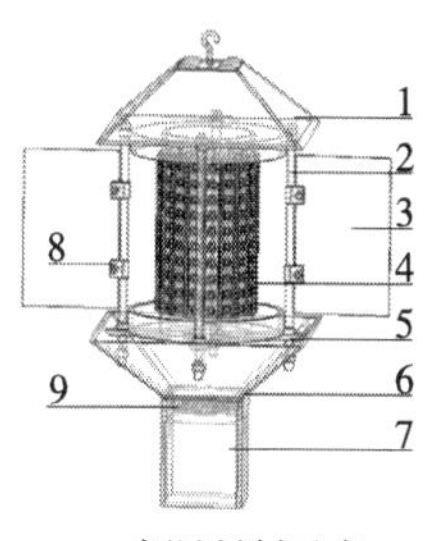

a. 光源研制示意

b. 黄色光源

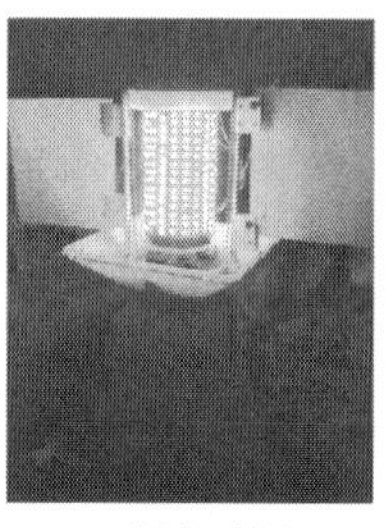

c. 绿色光源

d. 黄：绿=1：1光源

图 30 试验用光源

1. 上箱体（内置光控雨控系统） 2. 支杆 3. 白色粘虫板 4. 发光体
5. 光体支撑架 6. 下箱体 7. 收集装置 8. 装夹装置 9. 风吸装置

1∶1 共 3 种，研制成 3 种光源。光源功率为 20W，LED 阵列排布实现 12 000lx 光照度，20m 光照距离处衰减为 0.1lx。

光源布置：光源悬挂于 120m 长度大棚中间位置，下箱体上沿与植株顶部相平，为避免两光源相互干扰，光源间隔 40m 布置，布置方式如图 31 所示。

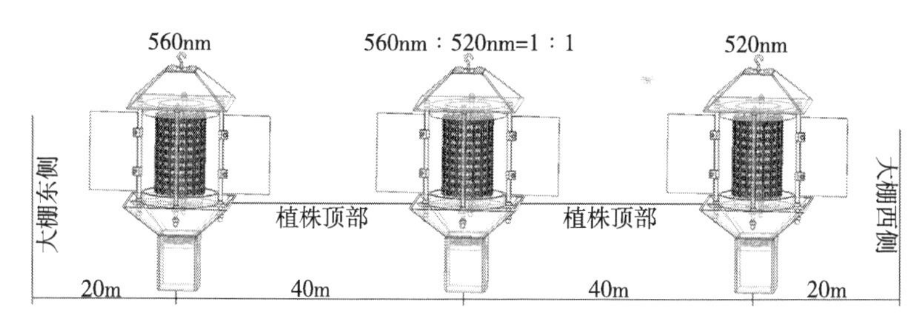

图 31 光源的布置方式

试验方法：三光源每天 19：00 开灯，次日 5：00 关灯，试验中 21：30、24：00、2：30、5：00 更换白色粘虫板及收集装置，统计更换下粘虫板及收集装置所诱集到的西花蓟马数量。光源开灯 10h 分为 4 个时段，每种光源在每个区段 6 次重复，取平均值，以此反映不同光源的诱集效果。记录并计算每天 19：00—21：30、21：30—0：00、0：00—2：30、2：30—5：00 时段内平均温度［棚内相对湿度恒定，为 (65±2.5)%］，且计算 6d 内每个时段的平均温度，讨论温度对西花蓟马趋光上灯效果的影响。

3.3.2 数据分析

采用 Excel、SPSS 软件（SPSS Inc.，2007 Chicago，IL.）对每种处理数据进行统计分析。多重比较采用 LSD 检验（$p=0.05$）。

不同光照方式下，西花蓟马对黄、绿光的视响应效果如表 21、表 22 及图 32 所示。

表 21　西花蓟马对不同光照方式的视响应效果

视响应效果	光照方式	光照度（lx）		F 值	p 值
		6 000	12 000	df=1	
视响应率（%）	黄光（560nm）	50.10±0.96a**	62.35±0.56a	121.0	<0.001
	绿光（520 nm）	48.76±0.96a**	60.12±1.11a*	96.0	<0.001
	组合光（520 nm + 560 nm）	53.44±0.96a**	57.34±0.56a#	12.25	<0.05
总响应率（%）	对照光（520 nm vs 560 nm ）	77.70±1.11b**	71.05±2.22b* #	2.573	<0.05
F 值	df=3	197.07	8.01		
p 值		<0.001	<0.01		

注：表中数据为平均值±标准误。同一行中不同小写字母表示差异性显著（$p<0.05$），* 或 # 表示差异性非常显著（$p<0.01$），** 表示差异性极度显著（$p<0.001$）。

表 22　西花蓟马对单光的视响应效果

视响应效果	单光	光照度（lx）		F 值	p 值
		6 000	12 000	df=1	
视响应率（%）	黄光(560nm)	50.10±0.96a* **	62.35±0.56a**	121.0	<0.001
	绿光(520 nm)	48.76±0.96a##	60.12±0.96a**	96.00	<0.001
对照光	黄光(560nm)	42.18±1.11b*	41.07±2.22b**	0.199	>0.05
	绿光(520 nm)	35.52±1.11c**##	29.98±1.98c**	6.252	>0.05

（续）

视响应效果	单光	光照度（lx）		F 值　p 值
		6 000	12 000	$df=1$
F 值	$df=3$	36.165	98.25	
p 值		<0.001	<0.001	

注：表中数据为平均值±标准误。同一列中，不同大写字母表示差异性显著（$p<0.05$），同一行中不同小写字母表示差异性显著（$p<0.05$），*或#表示差异性非常显著（$p<0.01$），**或##表示差异性极度显著（$p<0.001$）。

西花蓟马在不同光照方式之间的视响应效果显著不同（$F_{6\,000lx}=197.07$，$p<0.001$；$F_{12\,000lx}=8.01$，$p<0.01$），但黄光

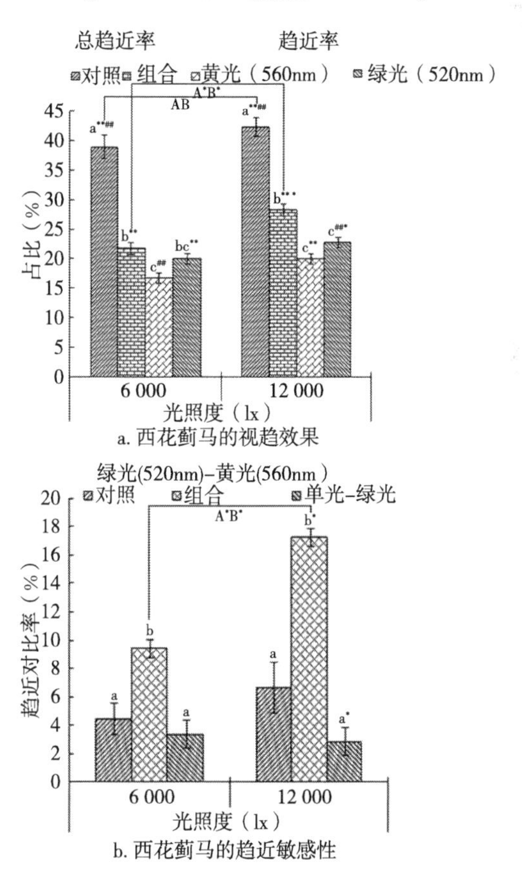

a. 西花蓟马的视趋效果

b. 西花蓟马的趋近敏感性

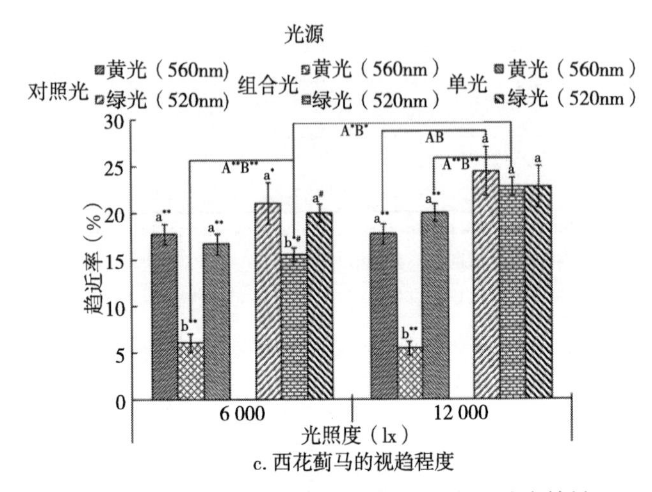

c. 西花蓟马的视趋程度

图 32　西花蓟马对不同黄、绿光照的趋近响应结果

注：图中数据为平均值±标准误。光照度相同，不同黄光或绿光处理，不同小写字母表示差异性显著（$p<0.05$）。连线上不同大写字母表示连线两端处理差异性显著。*或#表示差异性非常显著（$p<0.01$），**表示差异性极度显著（$p<0.001$）。

(560nm)、绿光（520nm)、组合光之间差异不显著（$p>0.05$)，三者显著低于对照光，且 6 000lx、12 000lx 时西花蓟马对照光的视响应效果分别为 77.70%、71.05%，而 6 000 lx 时绿光最差、黄光次之，12 000lx时组合光最差、绿光次之（表 21）。结果显示，西花蓟马对对照光的视响应效果最优，光照度强化西花蓟马对单光及组合光的视响应效果，且单光中强化效果较强（11.5%左右）。

光照方式不同，光照度相同，西花蓟马对对照光的总响应率最优（表 21），但单光及对照光照中西花蓟马对黄、绿单光的视响应率差异极度显著（$F_{6\ 000lx}=36.165$，$p<0.001$；$F_{12\ 000lx}=98.25$，$p<0.001$）（表 22），而单光照中黄光与绿差异不显著（$p>0.05$）且黄光略优，对照光中黄光优于绿光（$p<0.05$），且单光照中黄、绿光均优于对照光中黄、绿光。光照度不同，单光照中 12 000lx 黄、绿光视响应率均显著优于 6 000lx（$p<0.001$），而对照光中 12 000lx黄、绿光稍优于 6 000lx（$p>0.05$）。结果显示，对照光抑制西花蓟马的视响应程度，且西花蓟马对绿光的视响应程度低于黄光。

西花蓟马在不同光照方式之间的视趋效果差异显著（$F_{6\ 000lx}=50.85$，$p<0.001$；$F_{12\ 000lx}=113.85$，$p<0.001$），且组合光、单光与对照光相比，差异显著（$p<0.001$），且对照光较优，黄光较差（图 32a）。不同光照度之间，西花蓟马对对照光、组合光的总趋近率差异显著（$p<0.05$），而对黄、绿光的趋近率差异不显著，但相比于 6 000lx，12 000lx 增效西花蓟马的视趋效果，且组合光增效性较强，而 12 000lx 时，对照光视趋效果最优（42.19%），组合光次之（28.39%），而黄光最差（20.04%）（图 32a）。西花蓟马对绿光的趋近敏感性优于黄光，但光照方式显著影响西花蓟马对绿、黄单光的趋近敏感性差异（$F_{6\ 000lx}=12.935$，$p<0.01$；$F_{12\ 000lx}=32.03$，$p<0.01$），且相比于对照光和单光，组合光的影响最显著（$p<0.01$），光照度条件，组合光差异最显著（$F=98.00$，$p<0.01$），且 12 000lx 时趋近对比率最高（17.26%），而 6 000lx 时次之（9.46%）（图 32b）。

但不同光照方式中，西花蓟马对黄光的趋近率差异显著（$F_{6\ 000lx}=55.456$，$p<0.01$；$F_{12\ 000lx}=67.029$，$p<0.01$），且组合光趋近率最差（6%左右），而相同光照，不同光照度之间差异不显著（$p<0.05$），但 12000 lx 时单光照趋近率最高（20.04%）。光照度影响不同光照中西花蓟马对绿光的趋近率（$F_{6\ 000lx}=9.466$，$p<0.05$；$F_{12\ 000lx}=1.571$，$p>0.05$），且 6000 lx 时组合光最差（15.59%），而相比于 6 000lx，12 000lx 增效西花蓟马的视趋程度，且组合光增效性最强（7.24%）（$F=84.88$，$p<0.01$），但 12 000lx 时对照光中趋近率最高（24.42%）（图 32c）。

结果显示，西花蓟马对对照光的视趋效果最优而黄光最差，且组合光抑制西花蓟马的视趋程度，但西花蓟马对绿光的视趋程度高于黄光，且光照度强化对照光、组合光中西花蓟马对绿光的趋近敏感性，而削弱单光照中对黄、绿光的趋近敏感性差异，并在组合光中强化效果较强（7.24%）。

在以上试验基础上，研制的黄、绿光源在棚内的诱集效果及利用 Matlab 函数曲线拟合获得的相关性数值分析结果分别如表 23 及

图 33、图 34 所示。

表 23　不同光源在夜间不同时间段内西花蓟马的平均捕集数量（头）

时间段		19：00—21：30	21：30—0：00	0：00—2：30	2：30—5：00	F 值	p 值
平均温度（℃）		27±0.5	25±0.5	23±0.2	21.5±0.2	$df=3$	
波长（nm）	520（绿）	376.33±8.76 A**a**##	193.33±26.67 A* b***	123.33±9.28 A* c##	98.33±4.41 A* c##*	70.637	<0.001
	560（黄）	190.00±20.21 B**a***	101.67±6.01 B* b*	85.00±5.00 Bc*	70.00±10.41 Bc**	18.981	<0.01
	560(黄)：520(绿)＝1：1	136.67±19.65 B**a***	96.67±3.33 B* b	61.67±6.01 B* c*	46.67±4.41 B* c**	14.19	<0.01
F 值	$df=2$	54.524	11.718	19.415	13.642		
p 值		<0.001	<0.01	<0.01	<0.01		

注：表中数据为平均值±标准误。同一列中，不同大写字母表示差异性显著（$p<0.05$），同一行中不同小写字母表示差异性显著（$p<0.05$）。*或#表示差异性非常显著（$p<0.01$），**、***或##表示差异性极度显著($p<0.001$)。

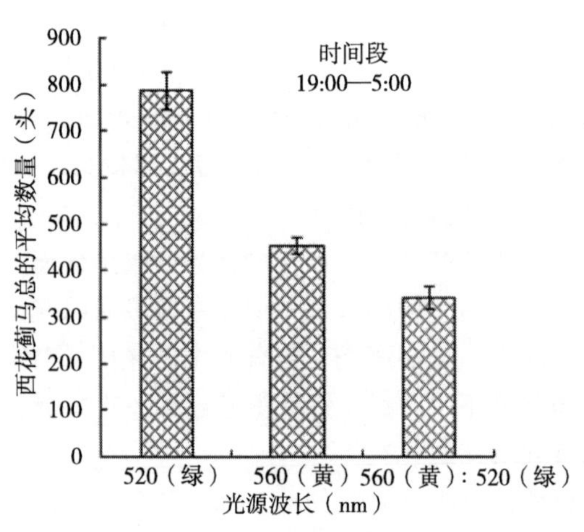

图 33　不同光源 19：00—5：00 时间段对西花蓟马的诱集效果

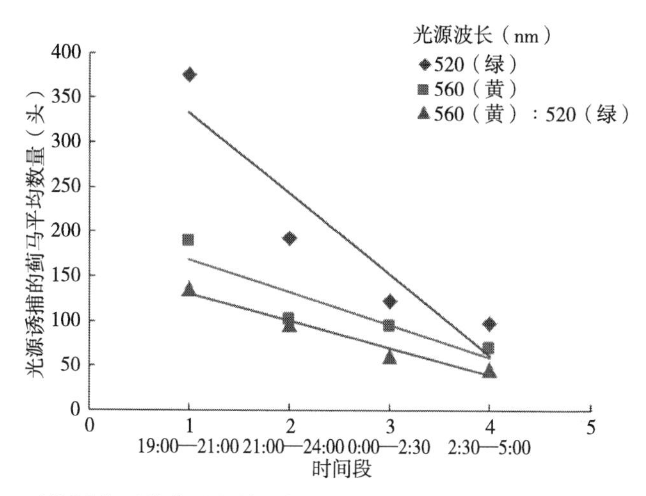

图 34　光源诱集西花蓟马的效果与 19：00—5：00 时间内不同时段的关系

相同时间段内，不同光源对西花蓟马的诱集效果差异显著（$p<0.01$），且 19：00—21：30 内差异最显著（$F=54.524$，$p<0.001$），但黄光与黄∶绿光差异不显著，二者显著低于绿光源，而黄∶绿光源最差；夜间不同时间段之间，相同光源对西花蓟马的诱集效果差异显著（$F_{520nm}=70.637$，$p<0.001$；$F_{560nm}=18.981$，$p<0.01$；$F_{560nm:520nm}=14.19$，$p<0.01$），并随时间延长，诱集效果递减，且 2：30—5：00，诱集效果最差，而 19：00—21：30，诱集效果最优，但 0：00—2：30、2：30—5：00、21：30—0：00 与 0：00—2：30 之间，差异不显著（$p>0.05$）（表 23）。

总之，绿光对西花蓟马的诱集效果显著优于黄光源及黄光∶绿光源（$p<0.001$），为 791.33 头，黄光源的诱集效果优于黄∶绿光源（$p<0.05$），为 456.67 头，而黄：绿光源诱集效果最差，为 341.67 头（图 33）。为找出影响西花蓟马成虫诱集效果的因素，依据不同光源在不同时间段内的诱集效果，经相关性分析发现，不同光源在各时段的诱集效果与时间段存在显著的线性相关关系（图 34）。不同光源各时段对西花蓟马的平均诱集数量与时间段呈负相关（$R_{520nm}=-0.929$，$R_{560nm}=-0.904$，$R_{560nm:520nm}=-0.982$，

$p=0.05$）。棚内相对湿度恒定，而温度随时间的推移而下降（表 23），从而，不同光对西花蓟马的平均诱集数量与夜间温度呈正相关。

在棚内夜间利用研制的紫光灯（图 35）对西花蓟马的诱集效果不是很好，远低于黄：绿=1：1 光源的诱集效果，约为 165 头/夜，其可能源于紫光光照刺激强度（紫光光照度仅为 2 000lx）未达到西花蓟马的趋光要求，或者可能是紫光光照致使西花蓟马栖境生态的变化而影响其上灯，以及紫光光致性生活习性变化导致西花蓟马在植食环境中光活动强度增强而制约诱集效果。从而，紫光在夜间对蓟马类害虫的光生物行为的作用效果需进一步研究。

图 35　紫光灯在棚内对西花蓟马的夜间诱集

在以上棚内试验验证的基础上，依据太阳能电池板供电，利用研制的黄、绿 LED 光源，采用电击及水淹杀灭措施，于 2021 年 8 月在云南省楚雄彝族自治州蔬菜烟草果园基地对蓟马类害虫进行了野外夜间田间验证。在 400 亩基地内，黄、绿光源各布置了 4 盏灯，其间距较远互不影响，且整夜开灯进行诱集（图 36），19：30 开灯至第二天早上 5：00 关灯的诱集效果如图 37 所示。

野外田间诱集效果中，绿光源对蓟马、小菜蛾、夜蛾、粉虱、蕈蚊等蔬菜害虫的诱集效果均优于黄光源，印证了棚内绿光源优于黄光源的试验结果，但实地观测表明，19：30—0：00，

图 36　黄、绿光源对蓟马类害虫诱集田间验证

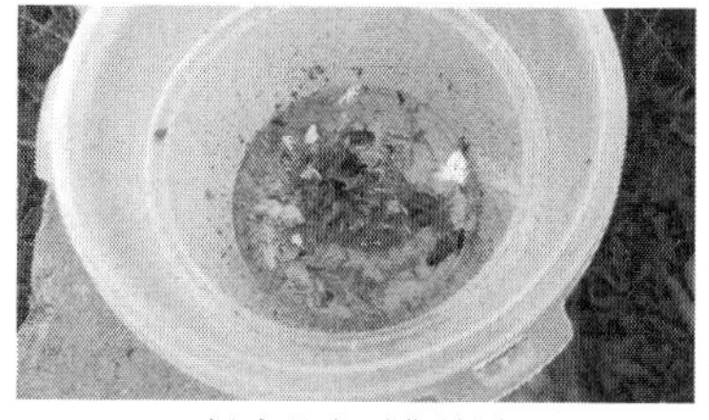

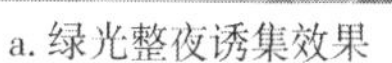
a. 绿光整夜诱集效果　　b. 黄光整夜诱集效果

图 37　黄、绿光源夜间诱集效果

黄光的诱集效果较好，而 0：00—5：00，绿光的诱集效果较好。因此，黄、绿光源的配合使用可应用于蓟马类害虫的防治实践。

3.3.3　讨论

“飞蛾扑火”这种自然现象，是夜蛾类诱虫灯的应用基础，而西花蓟马是一种微小型外来入侵害虫，针对其对色谱的敏感性，开发了色板粘虫技术[49]，其本质是利用西花蓟马对敏感色光的趋性，但昆虫趋光响应机制及昆虫视趋敏感因素研究的缺乏，制约蓟马类害虫趋光诱导机具的研制。本研究表明，光照方式对西花蓟马视响应效果的影响不同，其中，组合光削弱而对照光增强西花蓟马的视响应效果，且光照强度在单光照中强化而在对照光中抑制西花蓟马的视响应效果。已有研究表明，昆虫视觉系统吸收光子能量，诱发视电位反应敏感性，并通过不同神经元传递产生生理性视响应，且光照度强弱及视觉光谱对抗性导致的昆虫机体适应性功能影响视响应程度[50]，则波谱光照特性诱发的生物光电效应影响西花蓟马的视响应效果，且西花蓟马对黄光的视响应程度优于绿光。研究结果进一步发现，光照强度增强西花蓟马的视趋效果，且组合光及对照光呈增效西花蓟马的视趋程度，而西花蓟马对绿光的视趋程度优于黄光。因此，西花蓟马视响应敏感性与趋近敏感性在不同波谱光照下显著不同，且西花蓟马对光能够产生良好的响应效果，但未有良好的视趋上灯效果，表明昆虫视响应与视趋性的光作用机制不同，这为研发害虫光诱导机具及灯光布置提供了理论基础。

为明确西花蓟马视响应差异及视趋差异的光致影响机制，进行了相关光参数的结果如表 24、表 25 所示。

表 24　在 150mm 处测试的光参数

光照度 (lx)	光源功率 (W)		光能 (mW/cm²)		光照度 (lx)		光能 (mW/cm²)	
	黄光	绿光	黄光	绿光	黄光	绿光	黄光	绿光
6 000	0.815	0.85	2.54	3.98	29.4	24.8	0.006	0.005
12 000	0.85	0.884	12.3	13.76	87.6	62.5	0.023	0.019

表 25　在 50mm 处测试的光参数

光照度 (lx)	光源功率 (W)		光能 (mW/cm²)		光照度 (lx)		光能 (mW/cm²)	
	黄光	绿光	黄光	绿光	黄光	绿光	黄光	绿光
6 000	0.815	0.85	2.54	3.98	230	301	0.05	0.06
12 000	0.85	0.884	12.3	13.76	660	1 506	0.18	0.24

由表 24 可知，150mm 处，黄光的光照度及光能均强于绿光，则黄光光照度与光能的耦合刺激强度，优先诱发西花蓟马产生视敏反应，进而产生视行为响应，从而，波谱光照强度异质性，是西花蓟马对黄、绿光敏感响应差异的原因。黄、绿光源 Y 形组合布置，在 150mm 处其散射强度强于绿光而弱于黄光，而黄、绿光源对照

布置，在 150mm 处其强度叠加增强，则照射强度导致西花蓟马对不同光照的视响应效果差异。光照度增强，对照光抑制西花蓟马的视响应效果，源于昆虫个体对光强度具有内源需求差异，以及光干扰对其视敏性生理调控反应输出的影响[51]，而光强度增量决定单光及组合光的增效效果。

光照度相同，对照光中西花蓟马的总趋近率（6 000lx 时为 38.85%，12 000lx 时为 42.19%）与单光照中西花蓟马对黄、绿光趋近率和（6 000lx 时为 36.74%，12 000lx 时为 42.86%）的差异不显著（图 32a），则对照光不影响西花蓟马的视趋程度。由表 25可知，50mm 处，绿光的光照度及光能均强于黄光，因而，视响应西花蓟马对绿光的趋近敏感性优于黄光，源于绿光的刺激强度强于黄光，且黄、绿光的刺激强度主导西花蓟马的视趋效应，并决定视响应西花蓟马的视趋程度。但组合光中黄、绿光在 50mm 处的叠加强度强于绿光，其强化西花蓟马的视趋效果，但西花蓟马对组合光中黄、绿光的辨识选择性视滞效应，相应抑制西花蓟马的视趋程度。光照强度增强，绿光强度增量显著强于黄光（表 25），相应强化西花蓟马对绿光的视趋程度。

研究表明，光刺激昆虫视觉系统的视色素吸收光子，导致昆虫视觉从暗适应到明适应的转化，其 30 min 间视状态下昆虫的趋光响应比较敏感[52]。但本文研究表明，光源对明适应状态下昼行西花蓟马的诱集效果仍比较显著，且夜间温度显著影响西花蓟马的上灯行为。经分析光源发光参数，3W LED 在光照度相同时，绿光的发光功率及照射光能均高于黄光，LED 绿光光电转换时散射的热量及光照辐射热量均强于黄光，即绿光光照温度高于黄光，则西花蓟马视觉系统内在多种色素拓宽西花蓟马敏感识别黄、绿光谱的基础上，波谱光照亮度诱发西花蓟马产生感光定向响应，光能的热效应强化西花蓟马的感受趋性，光热耦合效应引起西花蓟马产生视趋响应，因此，光热效应是西花蓟马产生视趋响应的诱因，而黄、绿光照度及其发热强度差异，是视响应西花蓟马视趋差异的原因。但西花蓟马个体对光热的感受惰性差异，抑制西花蓟马群体的视趋程度。已有研究发现，光能被昆虫内部特定器官及体表吸收，导致能量的积累，产生光胁迫性生物补偿活性[53]，而加大光照刺激强度，对昆虫作用机制的差异及趋光生理机制的基因调控表达需进一步研究。

3.4 黄、绿光配比光照对田间西花蓟马诱集效果的增效及影响效应

为明确黄、绿光照光致西花蓟马视趋变化效应的影响因素，获得西花蓟马趋光诱集效果的增效调控措施，确定蓟马类害虫光生物习性的光致影响诱变因素，本研究针对西花蓟马对黄、绿光的视敏特性，借鉴黄光对夜蛾类害虫生物学活性的抑制性，利用研制的黄、绿单光及黄、绿光配比不同的 LED 光源，于 2022 年 6 月 20—29 日在河南省郑州市市郊的蔬菜温室大棚（长×宽×高为 100m×11m×4 m）内，进行了棚内西花蓟马种群的诱集试验，依据结果，分析了不同光源对西花蓟马的诱集结果，解析了蓟马类害虫灯光防控机制和影响因素，探讨了黄、绿光对栖境西花蓟马光生物习性的调控效应。

3.4.1 试验光源

为便于捕集及统计趋光上灯的西花蓟马，针对光照色板的反射色谱与光照耦合刺激强化效应和西花蓟马视敏参数光照特征，利用 AvaSpec-ULS、SPECTER 软件优化光源光物理特征，并利用 OPM-35S、XL02-PL 测定并获得光源的光参数，通过构建光源光照、光照色板反射色谱设计制作模型及光源控制系统，模块化研制光源如图 38 所示，光源发光光谱如图 39 所示。

采用风吸和白色粘虫板 2 种捕集装置：风吸装置位于害虫滑移型下箱体和收集装置之间；白色粘虫板（粘捕夜间绕灯飞行西花蓟马）由装夹装置夹持于支杆上，并反射色谱。支杆连接上、下箱体：上箱体内置光控雨控系统；下箱体呈倒漏斗状，以风吸的方法

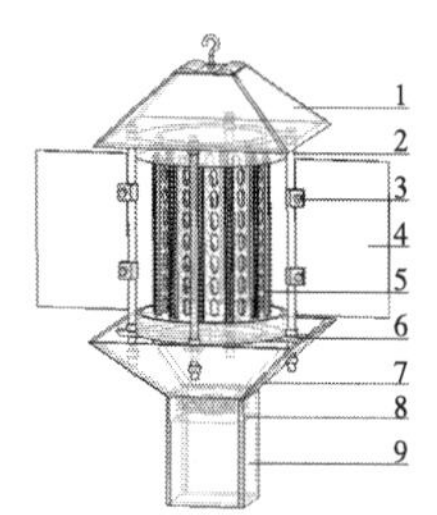

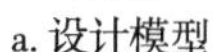
a. 设计模型

b. 黄：绿=1：4光源

c. 黄：绿=4：1光源

d. 黄光源　　e. 绿光源　　f. 黄：绿=2：1光源　　g. 黄：绿=1：2光源

图 38　研制的黄、绿光配比光源类型

1. 上箱体（内置光控雨控系统）　2. 支杆　3. 装夹装置　4. 白色粘虫板　5. 发光体　6. 光体支撑架　7. 下箱体　8. 风吸装置　9. 收集装置

将西花蓟马捕集于收集装置内。发光体（120m×220m×3mm），置于上、下箱体的光体支撑架上，由不同 LED 阵列制成，LED 支撑筒体上端封止，下端开口，LED 排列间的筒体上开有椭圆形孔或圆孔，以风吸上灯西花蓟马，支撑筒体不开口的光源由风吸装置吸虫，以对比风吸集虫效应。发光体光谱为黄（560nm、12 列）、黄∶绿＝2∶1（12 列）、黄∶绿＝4∶1（15 列）、绿（520nm、12 列）、绿∶黄＝2∶1（12 列）、绿∶黄＝4∶1（15 列）共 6 种。依据每种光谱，各研制支撑筒体开孔和不开孔光源一种，研制成 6 种类型光谱光源（图 40 为挑选的光源光谱类型），分别标识为 1 号、2 号、3 号、4 号、5 号、6 号灯，对照光源设为 7 号灯。光源光照度为12 000lx，20m 光照距离处光照度为 0.01lx。

a. 黄光　b. 绿光　c. 黄：绿=2：1光

d. 黄：绿=1：2光源　e. 黄：绿=4：1光源　f. 黄：绿=1：4光源

图 39　黄、绿光配比光源发光光谱类型

3.4.2 光源布置

依据光照距离及干涉光照中西花蓟马对不同光的响应选择敏感性，利用 2 个温室大棚（Ⅰ号和Ⅱ号），1—2—3—7、4—5—6—7 初始分别悬挂于Ⅰ号、Ⅱ号大棚中间位置，下箱体上沿与植株顶部相平，两两光源间相距 20 m，不同灯布置方式如图 40 所示。

为避免光对西花蓟马生物群落的影响特异性，试验 6d 完成，每天在 2 个大棚内变换 1～6 号光源的位置点，1～6d 中 1～6 号光源的位置依次为 1—2—3—4—5—6、4—5—6—1—2—3、3—1—2—6—4—5、6—4—5—3—1—2、2—3—1—5—6—4、5—6—4—2—3—1，保证光源在不同位置点的诱集齐次性。对照在试验中位置不变，以对比试验结果。

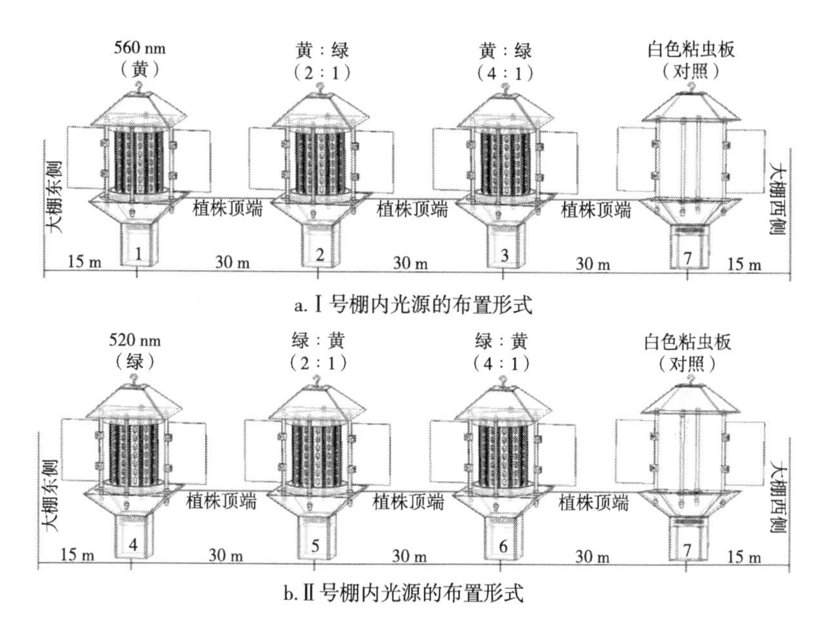

a. Ⅰ号棚内光源的布置形式

b. Ⅱ号棚内光源的布置形式

图 40 不同光源及对照白色粘虫板的布置方式及悬灯点

3.4.3 试验方法

为保证捕集措施的一致性，光源及对照的风吸措施全天 24h 开机。各光源每天 19：00 开灯，次日 5：00 关灯，整个开灯时段分为 4 个时段，每天的试验中 19：00、21：30、0：00、2：30、5：00更换白色粘虫板及收集装置，统计更换下的粘虫板及收集装置在 19：00—21：30、21：30—0：00、0：00—2：30、2：30—5：00、5：00—19：00 时段内所诱集到的西花蓟马数量。

计算 1～6 号光源在夜间 4 个区段内 6 次重复的平均值，以西花蓟马均值数量反映不同光源在夜间每个区段的诱集效果。记录并计算 4 个时段内的平均温度［棚内相对湿度恒定，为（65±2.5)%］，并计算 6d 内每个时段的平均温度，以此讨论温度对西花蓟马趋光上灯效果的影响。

每天试验后，统计全天 24h 内（19：00—5：00—19：00）1～

6号光源诱集的西花蓟马数量（n_1），以及两对照白色粘虫板在白天（5：00—19：00）诱集的西花蓟马平均数量（n_2），并计算各光源诱集的西花蓟马数量与对照白色粘虫板诱集的西花蓟马平均数量的差值，取6次重复均值，并结合19：00—5：00时段内各光源诱集的西花蓟马数量6次重复的均值（n_3），计算西花蓟马总均值数量，反映全天24h内夜间光源光照与光源光照后白天白色粘虫板色光、夜间10h内光源光照的诱集效果。同时，计算（$n_1-n_2-n_3$）并取其6次重复均值，以对比均值数量反映光源光照后白天白色粘虫板色光的诱集效果，分析光源光照对西花蓟马光生物效应的影响。

3.4.4 数据分析

采用Excel、SPSS软件（SPSS Inc.，2007 Chicago，IL.）对每种处理平均值进行统计分析。多重比较采用LSD检验（$p<0.05$）。采用函数曲线拟合和最小二乘法进行数值分析，利用Matlab软件分析夜间时段与光源对西花蓟马的诱集效果的相关性影响。

不同光源在夜间不同时段内对棚内西花蓟马的诱集效果如表26所示。光源相同，夜间不同时段下，黄光源对西花蓟马的诱集效果差异非常显著（$p<0.01$），其余光源差异极度显著（$p<0.001$）。但0：00—2：30与2：30—5：00之间，差异不显著($p>0.05$)，二者均显著低于19：00—21：30时段（$p<0.001$），而0：00—2：30与21：30—0：00之间，差异显著（$p<0.05$）。绿、绿∶黄＝2∶1、绿∶黄＝4∶1光源中，19：00—21：30与21：30—0：00、21：30—0：00与2：30—5：00之间，差异极度显著。黄、黄∶绿＝4∶1光源中，19：00—21：30与21：30—0：00之间，差异性分别为极度、非常显著，21：30—0：00与2：30—5：00之间，差异显著。总之，随光源光照时间推移，诱集效果递减，且2：30—5：00诱集效果最差，而19：00～21：30诱集效果最优。

表 26 夜间不同时间段内不同光源对西花蓟马的诱集效果

时间段		19：00—21：30	21：30—0：00	0：00—2：30	2：30—5：00	F 值	p 值
平均温度（℃）		27±0.5	25±0.5	23±0.2	21.5±0.2	df=3	
不同光源		诱捕的西花蓟马平均数量（头）					
波长（nm）	绿：黄=4：1	536.67±46.67A**## a**	276.67±14.53A***b**	160.00±11.55A*c**	114.67±2.91A*c**	56.569	<0.001
	绿：黄=2：1	426.67±18.56B**△△ a**##	226.67±12.02B##b**	146.67±17.64ABc##	100.00±5.77ABc**	99.893	<0.001
	绿	376.33±8.76B**△△ a**##	193.33±26.67BC*# b**	123.33±9.28Cc##	98.33±4.41Bc**	70.637	<0.001
	黄：绿=2：1	255.00±18.93C** a***	178.33±14.81C*△ b*#	120.00±20.82Cc**	89.33±2.33Bc#**	20.924	<0.001
	黄：绿=4：1	236.67±24.04CD** a**##	121.67±9.28D**### b**	103.33±4.41D*c##	71.67±06.67C*c##	28.427	<0.001
	黄	190.00±20.21D##△△ a***	101.67±6.01D**###△ b*	85.00±5.00D*c**	70.00±10.41C*c**	18.981	<0.01
F 值	df=5	26.735	18.052	3.679	8.267		
p 值		<0.001	<0.001	<0.05	<0.05		

注：表中数据为平均值±标准误。同一列中，不同大写字母表示差异性显著（$p<0.05$），同一行中不同小写字母表示差异性显著（$p<0.05$），*或#、△表示差异性非常显著（$p<0.01$），**或△△、##、***、###表示差异性极度显著（$p<0.001$）。

不同光源对西花蓟马的诱集效果在 19：00—21：30、21：30—12：00 之间的差异性极度显著（$p<0.001$），而在 0：00—2：30、2：30—5：00 之间诱集效果差异显著（$p<0.05$），但两两光源在相同时段内差异显著性不同（表 26）。黄与黄：绿=4：1 光源之间，差异不显著（$p>0.05$），而二者均低于黄：绿=

2∶1光源。绿∶黄=2∶1与绿光源在0：00—2：30内差异显著，绿与黄∶绿=2∶1光源在19：00—21：30内差异极度显著，而在其余时段内差异不显著。绿∶黄=4∶1与绿∶黄=2∶1光源在19：00—21：30时段内差异极度显著，在21：30—0：00时段内差异显著，在0：00—2：30及2：30—5：00内差异不显著，且绿∶黄=4∶1与黄光源在相同时间内差异最显著。结果显示，相同时段内，绿∶黄=4∶1光源对西花蓟马的诱集效果最优，绿∶黄=2∶1光源次之，而黄光源最差，黄∶绿=4∶1光源次差，且绿光源优于黄∶绿=2∶1光源。

表26结果表明，夜间不同时段显著影响相同光源对西花蓟马的诱集效果，并呈显著线性相关关系（图41）。相关性分析表明，夜间不同光源各时段对西花蓟马的平均诱集数量与时间段呈负相关（$R_{绿:黄=4:1}=-0.944$，$R_{绿:黄=2:1}=-0.944$，$R_{绿}=-0.929$，$R_{绿:黄=4:1}=-0.921$，$R_{黄:绿=2:1}=-0.983$，$R_{560}=-0.904$，$p=0.05$）。棚内相对湿度恒定，而温度随时间推移而递减（表26），则不同光源对西花蓟马的平均诱集数量与夜间温度呈正相关。同时，夜间相同时段内（温度相同），西花蓟马的诱集效果与黄、绿波谱及其配比呈显著线性相关关系（图42）。相关性分析表明，西花蓟马的诱集效果与黄、绿波谱及其配比呈负相关（$R_{19:00—21:30}=-0.978$，$R_{21:30—0:00}=-0.990$，$R_{0:00—2:30}=-0.985$，$R_{2:30—5:00}=-0.976$，$p=0.05$）。结果显示，绿光相对黄光增效光源的诱集效果，且绿光在黄、绿光配比中占比越多，增效效果越显著。

光源在19：00—5：00和相对于对照白色粘虫板及风吸装置在5：00—19：00—5：00（全天）、光源在19：00—5：00内的总诱集效果如图43所示。相对于对照，全天与夜间诱集效果的对比结果如图44所示。

全天不同光源对西花蓟马的总诱集效果差异性非常显著（$F=6.23$，$p<0.01$），但黄、黄∶绿=2∶1、黄∶绿=4∶1之间，差异均不显著（$p>0.05$），其均优于绿光源对应的总诱集效果，且黄光源对应的总诱集效果最优（全天诱集到2019.67头），黄∶

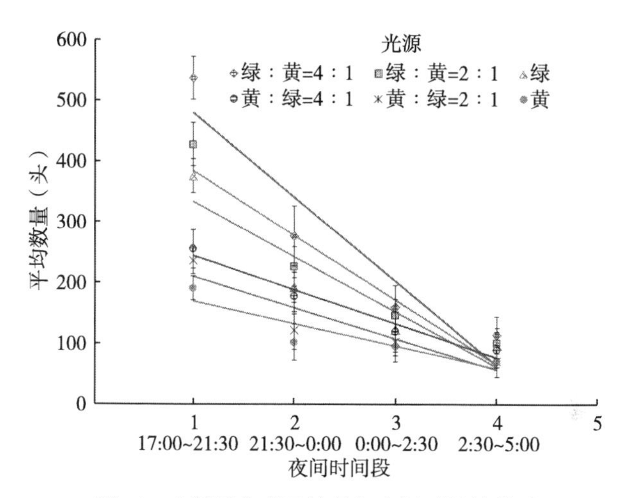

图 41　光源诱集蓟马效果与夜间时段的关系

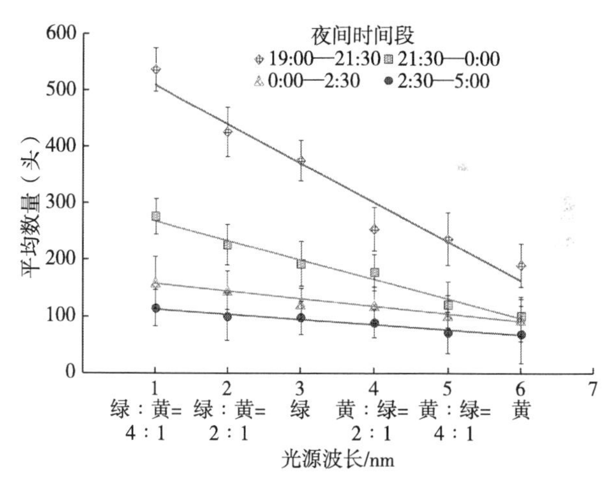

图 42　西花蓟马诱集效果与不同光源的关系

绿=2：1 光源次之（全天诱集到 1 825.33 头），绿光源最差（846.67 头/全天），绿：黄=4：1 光源次差（全天诱集到 1 360.00 头）（图 43），则绿光源在全天内相对黄光显著抑制西花蓟马的总诱集效果，且绿光在黄、绿光配比中占比越多，抑制性越强。

不同光源在夜间对西花蓟马的总诱集效果差异性极度显著

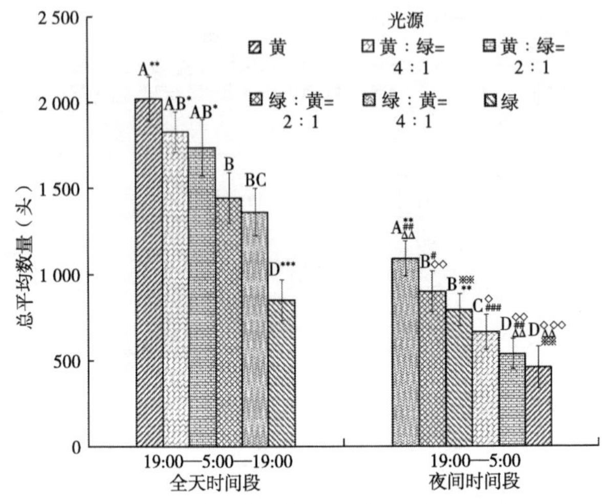

图 43　不同光源对西花蓟马的总诱集效果

注：图中数据为平均值±标准误。不同大写字母表示差异性显著（$p<0.05$），*或#、◇表示差异性非常显著（$p<0.01$），**、***、##、◇◇、◇◇◇、△△、※※表示差异性极度显著（$p<0.001$）。

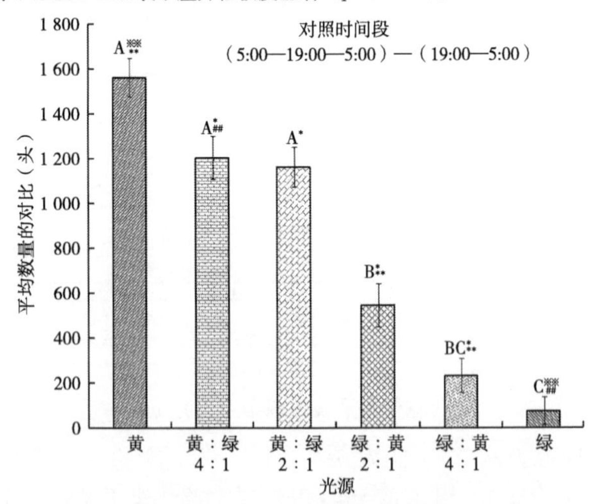

图 44　西花蓟马全天与夜间诱集效果的对比结果

注：图中数据为平均值±标准误。不同大写字母表示差异性显著，*表示差异性非常显著，**或***、##、※※表示差异性极度显著。

(F＝39.446，p＜0.001)，但绿：黄＝2：1与绿、黄：绿＝2：1与黄光源之间差异性均不显著，其余光源之间差异均极度显著。结果显示，绿：黄＝4：1光源在夜间对西花蓟马的总诱集效果最优（1 088.00头）、绿：黄＝2：1光源次之（900.00头），黄光源最差（456.67头）、黄：绿＝2：1光源次差（533.33头），则绿光在夜间相对黄光显著增效西花蓟马的总诱集效果，且绿光在黄、绿光配比中占比越多，增效性越强。

相对于白天对照白色粘虫板的诱集效果（193.33头），光源光照后，不同光照显著增效白色粘虫板色光对西花蓟马的诱集效果(F＝16.008，p＜0.001)（图44）。但黄、黄：绿＝4：1、黄：绿＝2：1光源之间差异不显著(p＞0.05)，并显著优于其他光源，其增效性诱集效果分别为1 563.00头、1 203.33头、1 163.67头。绿：黄＝2：1与绿：黄＝4：1光源之间差异性不显著，而不同光照中，绿光光照后其增效最差（75.33头），绿：黄＝4：1光照后次之（231.67头）。结果显示，光源光照后，其光照增效西花蓟马对白色粘虫板色光的视趋敏感性，其源于夜间光照对西花蓟马响应敏感性的调控效应，即夜间光照增强西花蓟马在白天的生物活性，且黄光的强化性最强而绿光最差，而绿光在黄、绿光配比中占比越多，其强化性越差，表明西花蓟马对黄光的响应敏感性强于绿光。

3.4.5 讨论

西花蓟马为昼行型昆虫，但昼夜均能活动，其呈现短距离内色谱趋性的应激性，且色光感受能力给其行为提供了良好的视觉保障。有研究表明，不同色谱配比可增效对西花蓟马的诱集效果，且昆虫的光调控性趋光活动行为受光照强度（光照度、光能）的影响强烈[54]。本研究表明，西花蓟马对绿光的视趋上灯敏感性强于黄光，该结果与昼行昆虫视网膜的敏感波谱有关[55]。但相对黄光，不同配比的黄绿及绿黄光照，增效西花蓟马的视趋上灯效果，并与黄、绿光的占比呈正相关。而相对绿光，不同配比的黄绿、绿黄光照，分别抑制、增效西花蓟马的视趋上灯效果，其可能源于LED

绿、黄光波谱光电效应刺激西花蓟马视网膜神经节细胞产生的光谱对抗调谐敏感性[50]，在西花蓟马辨识性视觉推拉策略和视网膜细胞中绿光敏感受体对绿光“偏好”反应作用下，导致绿光占比越多，增效性越强，其为研发害虫诱导机具提供了理论基础。

有报道表明，黄光白天可吸引到西花蓟马成虫，但夜晚却吸引不到成虫，并推测这种光周期活动节律可能与体内褪黑素的生理节律有关[56]，但并未考虑 LED 光照特性及夜间温度对西花蓟马生物行为重置的影响效应。本研究表明，夜间温度显著影响不同光照对西花蓟马的视趋上灯效果，并在夜间温度为 27℃时诱集效果最佳，且随夜间光照时间的推移（夜间温度降低），诱集效果降低。这表明光照和温度可调控西花蓟马的生物活动行为习性，这种影响在温度及光照对昆虫生命参数及求偶和交配行为中也有发现[57]。因此，光照和温度耦合可有效提高西花蓟马的视趋上灯效果，但光源相同，不同光照度下，西花蓟马对 LED 光照的视趋原因不明确。

为确定西花蓟马的视趋敏感因素，在光源光照度为 12 000lx 时，对光源功率及光照能量参数进行测定，结果如表 27 所示。

表 27　光源功率及光照能量参数

绿：黄＝4：1		绿：黄＝2：1		绿		黄：绿＝2：1		黄：绿＝4：1		黄	
功率（W）	光照能量（mW/cm²）	功率（W）	光照能量（mW/cm²）	功率（W）	光照能量（mW/cm²）	功率（W）	光照能量（mW/cm²）	功率（W）	光照能量（mW/cm²）	功率（W）	光照能量（mW/cm²）
27.78	4.35	25.16	3.79	23.92	3.18	23.02	3.02	22.36	2.89	20.16	2.10

注：光源功率由 $P=U\times I$ 计算获得，黄、绿单光源的光照能量为光源 50mm 处的光照能量，而配比不同黄、绿光源的光照能量测定的为距光源 50mm 处黄、绿光交汇点的光照能量。

依据图 43 和表 26、表 27 结果可知，光源发光功率及光照能量强弱与光源的诱集效果相对应，即光源发光功率及光照能量越强，光源的诱集效果越优，LED 黄、绿光及黄、绿光配比光电效应产生的发光功率及光照能量影响西花蓟马的视趋上灯效应。考虑到光源发光功率及光照能量的热电转换效应，则光源发光功率及光照能量越强，散发的热量越强，西花蓟马的视趋效果越强[58]，因此，视响应西花蓟马的视趋上灯效应是由 LED 波谱的光热效应引起的。已有研究表明，在夜间一定的增温调控范围内，东亚飞蝗更趋向于温度较高的光照环境，且西花蓟马成虫的活动强度及分布与太阳光的辐射热极相关[59]。因此，在考虑西花蓟马对波谱光的光照度视敏差异及波谱热电转换差别的基础上，波谱光电热效应是引起西花蓟马视趋上灯差异的主要原因，对揭示昆虫深层次趋光原因具有重要意义。

同时，本研究表明，西花蓟马在夜间对黄光的响应敏感性最强而对绿光最差，绿光在黄、绿光配比中抑制西花蓟马的响应敏感性，且夜间光照后，光照增效白色粘虫板对西花蓟马的粘捕效果，增强西花蓟马对色谱的生物敏感活性，该结果与光胁迫昆虫响应并补偿其生物活性结果相符[2,6]，其预示了光调控西花蓟马生境行为特性的可行性，并为农田害虫灯光防控策略的改变提供了新模式。

3.5 小结

西花蓟马在单波长光（560nm、520nm、405nm、365nm）及其两两组合光中分别对 365nm、365nm 与 405nm 光的视响应敏感性最强，光照度增强的强化效果与波谱光的光能强度有关，其导致组合光中 560nm、520nm 光分别抑制、强化西花蓟马的视响应敏感性；且 14 000lx 时，西花蓟马对 405nm 与 365nm 光的视响应敏感性最强（72.37%）。单光中西花蓟马的视趋敏感性与短波谱光（365nm 及 405nm）的光致光能强度而对长波谱光（560nm 及 520nm）的光质属性有关，且西花蓟马对 365nm、520nm 光的视趋敏感性分别最强、最弱，而对 365nm、560nm 光的趋近敏感性分别最强、最弱，而波谱属性产生的光源光能及电热强度决定西花蓟马的趋近敏感性，其源自昆虫对光热的偏好选择性，其导致光源光照度增强至 14 000lx 时，西花蓟马对 365nm 与 520nm 光的视趋敏感性最优（47.87%），且 560nm 光推西花蓟马选择敏感波谱光照的作用显著。波谱光能强度决定西花蓟马的视响应敏感性，而西花蓟马对长、短单波谱光照的视趋敏感因素差异性，影响耦合波谱光致光能强度对西花蓟马视趋敏感性的推拉调控效果，其源自波谱光热效应对西花蓟马视趋活性的调控差异，且波谱光热效应决定西花蓟马的趋近（上灯）选择敏感性。

单波长（560nm、520nm、405nm、365nm）及其两两组合光光照传导强度差异，导致视响应西花蓟马产生不同的视滞（光适性）、视趋性光行为活动，且光能刺激强度的作用显著；而单波长光中光致性能量强度，组合光中光照耦合强度（光照度与光能）影响光能强度的作用效果。光源光照能量相同：单光中 520nm 及 560nm 光强化西花蓟马视响应敏感性，而 70mW/cm^{2}下 365nm 光视响应敏感性最强（69.58%），而 560nm 及 520nm 光照度、405nm 及 365nm 光照能量传导变化强度诱发的生物光电效应差异，导致组合光抑制西花蓟马视响应敏感性，且组合光中 35mW/cm^{2}下 365nm 与 520nm 光西花蓟马视响应敏感性最强（71.81%）；单光中西花蓟马对 365nm 光而组合光中对 365nm 与 520nm 光的视响应及视趋敏感性最强。光源光照能量增强，560nm 光显著抑制而其余光照均增强西花蓟马的视趋敏感性，且单光中 365nm 光和组合光中 365nm 与 405nm 光的增效性最强，其与光源电热及波谱光能强度有关。光致西花蓟马生物应激变化效应导致西花蓟马产生视滞光适性，并与波谱光能量变化强度相关，而西花蓟马感应波谱光热因素产生的光趋近行为与波谱光致性光电热效应有关，且 140mW/cm^{2}下 365nm 光西花蓟马趋近敏感性最强（50.10%），365nm 与 560nm 光次之（46.00%）。

经对比上述结果，西花蓟马的视响应敏感性与波谱光照属性的光致能量强度有关，而光源光的光照度与光能的异质刺激强度，导致光源光照度增强，异质波谱耦合性光能强度越强，对西花蓟马视响应敏感性的强化效果越强，并在 14 000lx 时，405nm 与 365nm 组合光的光能强度较强，且西花蓟马的视响应敏感性最强（72.37%），而光源光能强度增强，异质波谱耦合刺激强度对西花蓟马光生物活性的调控性，抑制西花蓟马对组合光的视响应敏感性，且 35mW/cm^{2}下 365nm 与 520nm 光西花蓟马视响应敏感性最强（71.81%）。

该结果表明，14 000lx 时，405nm 与 365nm 组合光对西花蓟马视响应敏感性的诱导效果与 35mW/cm^2 下 365nm 与 520nm 光无显著差异，且与光源光照度、光能参数标定刺激下 365nm 单光西花蓟马视响应敏感性无显著差异（14 000lx，69.02%；70mW/cm^2，69.58%）。但两种异质性波谱光对照时，西花蓟马对光照度下 12 000lx 的 365nm vs. 405nm 光、光能下 120mW/cm^2 的 365nm vs. 560nm 光的视响应敏感性分别最强（83.27%、82.15%），且白光致使西花蓟马对光照度下 6 000lx 的 385nm 光、光能下 60mW/cm^2 的 365nm 光的视响应敏感性分别最强（69.78%、65.68%）。因而，光照刺激强度属性导致西花蓟马视响应敏感性异质组合波谱发生变化，并呈现强度视觉阈值性视响应敏感容度，而异质波谱光照刺激模式的布置方式，调控西花蓟马对光照刺激强度的接受程度，且利用合理的布置方式，增强光照刺激强度，可有效强化西花蓟马的视响应敏感性，其对蓟马类害虫防控布置策略的调整提供了新方式和手段。

同时，西花蓟马的视趋敏感性与波谱光致性光电热效应有关，且光照强度（光照度、光能）越强，光电热效应越强，其对西花蓟马视趋敏感性的强化性越强，且单光中西花蓟马对 365nm 光而组合光中对 365nm 与 520nm 光的视趋敏感性最强。光源光照度下，西花蓟马对 14 000lx 的 365nm 与 520nm 光的视趋敏感性最强（47.87%），而光能下，对 140mW/cm^2 的 365nm 光的视趋敏感性最强（50.10%）。两种异质性波谱光对照时，西花蓟马对光照度下 12 000lx 的 405nm vs. 520nm 光、光能下 120mW/cm^2 的 365nm vs. 520nm 光的视趋敏感性最强（53.18%、47.74%），且白光致使西花蓟马对光照度下 6 000lx 的 385nm 光、光能下 60mW/cm^2 的 365nm 光的视趋敏感性分别最强（51.21%、43.98%）。因而，依据长短波谱光照强度对西花蓟马光生物活动推拉效应及强度视觉的异质调控性，以及合理布置光照刺激模式，可有效增强西花蓟马趋近上灯效果。

对黄、绿光照对西花蓟马视响应效应的影响进行进一步测定表明，光照方式（对照光、组合光、单光）及其强度影响西花蓟马的视响应及视趋效果。光照度增强，其强化西花蓟马对单光及组合光的视响应效果，并强化对照光及组合光中西花蓟马对绿光的趋近敏感性。光照方式不影响西花蓟马视响应及趋近敏感性波谱光照特性，且西花蓟马对黄光的视响应程度强于绿光，而对绿光的视趋程度优于黄光，表明西花蓟马视响应与视趋响应的光致诱发机制不同。利用研制的黄、绿及黄∶绿＝1∶1光源进行棚内测定验证表明，光源对西花蓟马的诱集效果与温度呈正相关，且绿光源最优（791.33 头）而黄光源次之（456.67 头）。黄、绿光照强度（光照度、光能）及其光电热效应强度差异，是视响应西花蓟马视趋诱集差异的原因，而光致西花蓟马产生的视响应敏感性差异，源于波谱光照异质性刺激强度差异，且光电热效应是西花蓟马产生视趋响应的诱因，光致生物光电反应效应导致西花蓟马产生视响应并影响视响应程度。该结果对揭示灯光防治害虫的深层原因具有重要意义，为害虫灯光诱导机具的防控布置提供了理论基础。

利用研制的黄、绿光及其配比不同的光源对棚内西花蓟马进行诱集，结果表明，西花蓟马对绿光的视趋敏感性强于黄光，导致相对黄光，配比不同黄、绿光照增效西花蓟马视趋诱集效果，且绿光占比增多，增效性增强，而相对绿光，绿光占优的配比光照呈增效性，黄光占优的配比光照呈抑制性，且绿∶黄＝4∶1光照的夜间诱集效果最优（1 088.00 头），而黄光最差（456.67 头）。夜间光照增强西花蓟马在白天对白色粘虫板的响应敏感活性，且黄光的强化效果最强（1 563.00 头）而绿光最差（75.33 头），因此，黄光强化而绿光抑制黄、绿光配比光照对西花蓟马生物活性的调控效应，且黄光占比增多，增效性增强，而绿∶黄＝4∶1光照在全天的诱集效果最优（2019.67 头）且绿光最差（846.67 头）。光源光照对西花蓟马的诱集效果随夜间温度降低而降低，影响光电热效应对西花蓟马诱集的作用效果，并在夜间棚内平均温度为 27℃（19：00—21：30）时诱集效果最优，而夜间光照的光电热效应强化西花蓟马在白天的生物活性，增强其色觉敏感性，且黄光强化性最强而绿光最弱，因而，在夜间增强光照刺激强度的基础上，光照和夜间增温措施结合，且辅以西花蓟马敏感色板，可有效增强对西花蓟马的诱集效果。

4

蝗虫及蓟马昼行害虫光致趋避性灯光推拉防控技术的应用配置调控途径

目前，针对夜行昆虫视色素对黄绿光、蓝紫-紫外光的视感度敏感反应，并结合不同种属昆虫感光生理机制及生物行为习性差异，利用害虫敏感波谱及蛾类忌避波谱分布，研制了诱捕杀虫灯（趋性光源）和防蛾灯（忌避光源图）等诱虫灯，并在夜行害虫防治中获得了成功应用。

对于蝗虫而言，蝗虫背单眼在趋光中表现出对复眼功能的趋光推拉控制作用，并在近距离定位活动等方面的作用显著，且橙光照射后，橙光光致效应改变蝗虫对紫、绿、蓝光的视敏响应性。对于西花蓟马而言，在西花蓟马视觉推拉策略和视网膜细胞中绿光敏感受体对绿光的“偏好”反应作用，以及紫外光敏感性和色谱对抗作用，导致西花蓟马具有趋光和避光波谱敏感区，且在500～580nm、365～420nm范围内，趋光强烈，光照度及光能可使西花蓟马的视敏性波谱发生变化。光刺激模式可有效调控蝗虫及西花蓟马的视敏性，其为蝗虫及蓟马类害虫趋光活动行为的光致推拉调控方式的确定提供了有益参考。

同时，蝗虫与蓟马类害虫的趋光敏感效应既具有共性特征又有差别，因而，利用二者趋光响应效应的光致特异性，可有效确定光致蓟马类害虫趋忌增效的光推拉调控措施实现方式，构建特定害虫趋光特异推拉操控性光源诱导防控技术。但因有蝗虫趋光复杂性制约因素的存在，需进一步确定蝗虫视敏强化性光照类型，而蝗虫对偏光的特异敏感性，为确定蝗虫视敏强化性因素指明了方向，而且，光电热效应对蝗虫与蓟马类害虫趋光生物活动及活性的调控强化效果，表明光电热效应强化二者趋光上灯的行为，为二者趋光强化因素的确定提供了技术支撑。

本研究在东亚飞蝗趋偏视敏因素确定的基础上，研发了蝗虫光致视敏强化操控性耦合诱导装置，提出了蝗虫光诱导调控杀灭收集技术及运行规范，在此基础上，确定了红光致使西花蓟马趋避性波谱光照调控效果，明确了蓟马类害虫趋忌视敏性波谱光照特性配置途径，构建了蓟马类害虫光致趋避推拉操控性灯光防控技术。

4.1　东亚飞蝗视敏性偏振光态波谱矢量光照参量的测定

波谱偏振光照中，光照波谱可诱发蝗虫趋光视觉的视敏性而偏振光可强化蝗虫趋偏视觉的定向性，且在光照强度的激发作用下，偏振光可对蝗虫视觉系统产生多重刺激功效，诱发蝗虫产生趋光趋偏互作性视响应效果，因此，偏光刺激模式可增强蝗虫的光诱效果。就光场光态而言，波谱光为自然光，线偏光及其过线偏片的偏光均为偏振度（P）为 1 的线偏光态，部分偏光为自然光与线偏光的耦合光态，然而，部分偏光和线偏光态对蝗虫趋偏响应的潜在作用模式的研究缺乏。因而，研究不同偏振光态类型及其参量的质和量对蝗虫趋偏行为的影响，探索蝗虫视敏强化性偏光矢量参量，可有效构建蝗虫偏光诱导性光场调控机制，实现蝗虫趋向偏振光源的增效性。

4.1.1　试验设计

针对蝗虫对紫、蓝短波谱的视敏差异性，依据线偏光的检偏矢量变化致使偏光光照特性变化的可调性，获得紫、蓝波谱部分偏光及线偏光光态下不同偏光参量，在此基础上，以棚内饲养的羽化一周内的东亚飞蝗健壮成虫为试虫，利用东亚飞蝗对线偏光及部分偏光的视响应试验装置（图 45），测试了东亚飞蝗对部分偏光及线偏光的响应特异性，以对比分析波谱偏振矢量光照模式的异质作用效果，获取蝗虫视敏强化性波谱偏振光态及偏光参量作用方式，探讨矢量光照参量与蝗虫偏光响应特征的互动偶联性。

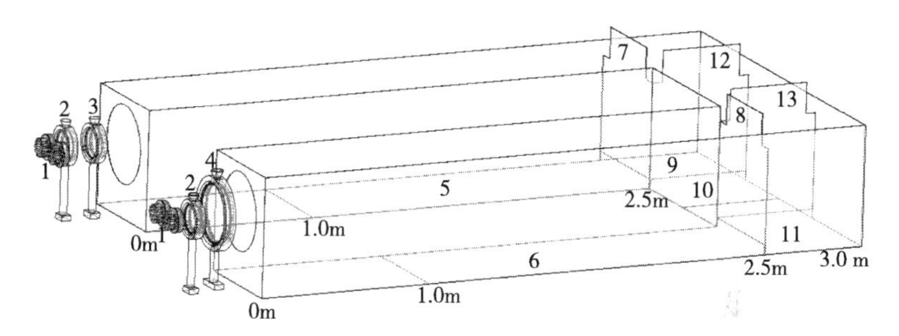

图 45　东亚飞蝗对线偏光及部分偏光的视响应试验装置

1. 试验光源　2. 线偏片固定装置　3. 线偏矢量调整装置　4. 检偏片调整装置　5. 东亚飞蝗部分偏光响应通道　6. 东亚飞蝗线偏光响应通道　7. 闸门 1　8. 闸门 2　9. 东亚飞蝗部分偏光反应室　10. 偏光互致性响应通道　11. 东亚飞蝗线偏光反应室　12. 闸门 3　13. 闸门 4

注：线偏光为自然光透过 1 个线偏片或 2 个线偏片的矢量光，部分偏光为线偏光与自然光的组合，且线偏光与部分偏光的光态及偏光参量不同。

装置中，峰值波长分别为 405nm、465nm 的 LED 试验光源 1 各 4 个，形成试验用紫、蓝波谱光照。装置中，4 个波谱相同（紫或蓝）的试验用光源，两两并列分成 2 组，经其前方的线偏装置，分别形成波谱相同的线偏光和部分偏光。一组光源中，一光源前方设置线偏片固定装置（其上固定 0°矢量线偏振片）和线偏矢量调整装置（调整其上的线偏振片获得不同的线偏矢量），该光源光照经线偏片固定装置和线偏矢量调整装置上的线偏片形成矢量不同的线偏光，而另一光源发射自然光照，其与矢量不同的线偏光耦合，获得偏振度不同的部分偏光。另一组光源中，一光源前方设置线偏片固定装置（其上固定 0°矢量线偏振片），该光源光照经其上线偏片形成 0°矢量线偏光，而另一光源发射自然光照，二者耦合光照经其前方的检偏片调整装置（调整其上的检偏片获得不同的线偏矢量）上的线偏振片，形成偏振度为 1 且矢量不同的线偏光。部分偏光和线偏光分别经东亚飞蝗部分偏光响应通道、东亚飞蝗线偏光响应通道前端的中心孔投射至各通道内。试验中，部分偏光矢量与线偏光矢量相同，且利用线偏矢量调整装置和检偏片调整装置，分别设定获得 0°、30°、60°、90°、120°、150°、180°、210°、240°、270°、300°、330°试验用矢量，并对应试验用矢量分别定义为左置向型和右置向型 0°、30°、60°、90°、120°、150°、180°矢量，以此通过矢量变化获得偏光照度的变化，并利用辐照计（型号：FZ-A，分辨率：±5%），标定通道中心孔中心处部分偏光及线偏光的辐照能量均为 85mW/cm^2，此条件下，紫、蓝光源光照度分别为 25 000lx（I_0）、100 000lx（$4I_0$），且试验中孔中心处光照度为各光光致光照度的干涉叠加，以此在部分偏光及线偏光能量相同的情况下，分析光态偏振效应致使性偏光参量（波谱、矢量、强度、偏振度等）对东亚飞蝗偏光响应效应的影响。

针对紫及蓝偏光的每一光照矢量，各备 2 组试虫（30 只/组），于 20：00—22：00 在室内进行试验，室温为 27～30℃。试验前，调节调整装置上的线偏片及检偏片，获得部分偏光与线偏光的相同矢量，并将 2 组试虫分别置于反应室 1 和反应室 2 内暗适应 30min，且调整光源供电电压，标定实现孔中心处的试验用辐照能量。试验时，开启试验光源及闸门 1～4 10 min，测试 2 组试虫分别对矢量相同的部分偏光、线偏光的响应效应，以及部分偏光与线偏光的互致作用对各反应室内试虫偏光响应的影响，测试 3 次后，2 组试虫互换反应室测 3 次，以确定不同偏光的作用效果。每次试验后，关闭光源，统计记录各通道区段内的虫数，并收集试虫置于对应反应室内暗适应 30 min 后进行下次试验，避免偏光光致性视状态对试验的影响。利用相同方法，依次测试紫偏光及蓝偏光的每一矢量直至完成。

4.1.2 数据处理

统计部分偏光及线偏光响应通道内 2 组试虫中每组试虫在 3 次测试中分别分布于 0～1.0m、0～2.5m 的虫数均值，取 2 组试虫分别在 0～1.0m、0～2.5m 内的均值和并用 $n_{11}+n_{12}$、$n_{21}+n_{22}$表示，计算均值和与 2 组虫数的百分比，即 $(n_{11}+n_{12})/60\times 100\%$、$(n_{21}+n_{22})/60\times 100\%$，分别利用东亚飞蝗趋偏聚集程度、东亚飞蝗趋偏响应程度，反映东亚飞蝗对偏光态矢量的视趋敏感强度、偏光态矢量对东亚飞蝗的诱导作用效果。采用一般线性模型分析东亚飞蝗对偏光态不同矢量的视趋敏感强度及偏光态矢量对东亚飞蝗的诱导作用效果，多重比较在 $p=0.05$ 上采用 LSD 进行分析，并在差异水平 $p=0.05$ 上进行多因素处理间的差异显著性分析。试验数据采用 Excel 和 SPSS16.0 数据处理系统进行统计分析。

部分偏光及线偏光的辐照能量相同时，紫、蓝波谱部分偏光及线偏光矢量光照作用下，东亚飞蝗趋偏响应程度呈现矢量置向、波谱偏振光态的诱导作用差异性，其结果分别如图 46、图 47 所示。

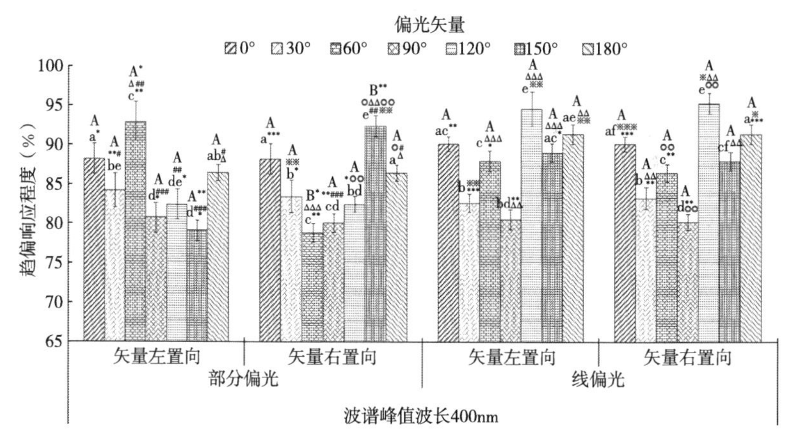

图 46　东亚飞蝗对紫波谱部分偏光及线偏光矢量置向的趋偏响应程度

注：结果为均值±标准误（SE）。矢量置向相同，不同偏光矢量之间，相同小写字母表示偏光态矢量的作用效果差异不显著（$p>0.05$），不同小写字母表示差异显著（$p<0.05$）；偏光矢量相同，不同矢量置向之间，相同大写字母表示不同矢量置向的作用效果差异不显著（$p>0.05$），不同大写字母表示差异显著（$p<0.05$）；*或#、△、◎、※表示差异非常显著（$p<0.01$），**或***、##、###、△△、△△△、◎◎、※※、※※※表示差异极度显著（$p<0.001$）。

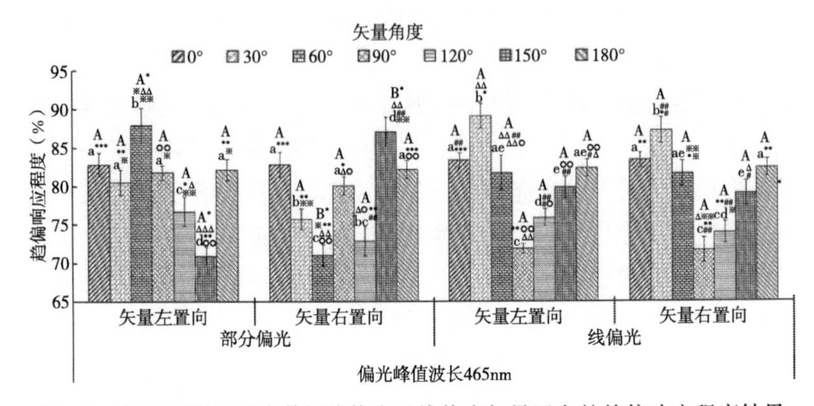

图 47　东亚飞蝗对蓝波谱部分偏光及线偏光矢量置向的趋偏响应程度结果

注：结果为均值±标准误（SE）。矢量置向相同，不同偏光矢量之间，相同小写字母表示偏光态矢量的作用效果差异不显著（$p>0.05$），不同小写字母表示差异显著（$p<0.05$）；偏光矢量相同，不同矢量置向之间，相同大写字母表示不同矢量置向的作用效果差异不显著（$p>0.05$），不同大写字母表示差异显著（$p<0.05$）；*或#、△、◎、※表示差异非常显著（$p<0.01$），**或***、##、###、△△、△△△、◎◎、※※、※※※表示差异极度显著（$p<0.001$）。

紫及蓝波谱的部分偏光、线偏光中，矢量置向相同时，不同矢量显著影响东亚飞蝗的趋偏响应程度：紫-$p<0.001$，右置向 $F_{部分偏光}=20.238$、右置向 $F_{线偏光}=35.194$，$F_{部分偏光}=15.344$、左置向 $F_{线偏光}=19.866$；蓝-$p<0.001$，右置向 $F_{部分偏光}=16.295$、左置向 $F_{线偏光}=17.897$，左置向 $F_{部分偏光}=16.987$，左置向 $F_{线偏光}=26.451$）（图 46、图 47）。由结果可知：部分偏光的矢量左、右置向中，60°、150°矢量对东亚飞蝗的诱导作用效果分别最优，150°、60°矢量分别最差，0°矢量均次优；线偏光的矢量左、右置向中，紫波谱中 120°而蓝波谱中 30°矢量对东亚飞蝗的诱导作用效果最优，紫、蓝波谱中 180°、0°矢量分别次优，紫及蓝波谱中 90°矢量对东亚飞蝗的诱导作用效果最差。

紫及蓝波谱的部分偏光、线偏光中，矢量相同时，矢量的左、右置向对东亚飞蝗趋偏响应程度的影响不同。线偏光中，左、右置向的影响差异不显著（$p>0.05$）；部分偏光中，60°矢量时左、右置向的影响差异非常显著（$p<0.01$，$F_{紫}=75.433$；$F_{蓝}=68.070$），紫、蓝波谱150°矢量时左、右置向对趋偏响应程度的影响分别为极度显著（$F_{紫}=127.731$，$p<0.001$）、非常显著（$F_{蓝}=43.182$，$p<0.01$），其余相同矢量的左、右置向的影响差异不显著（$p>0.05$）。由此可知，部分偏光中，60°与150°矢量的左、右置向显著引起东亚飞蝗趋偏响应程度的敏感性发生变化，这与波谱光质无关，但左、右置向不影响而波谱光质显著影响东亚飞蝗对90°矢量的趋偏响应程度，且蓝波谱的影响性较显著；线偏光中，波谱光质导致东亚飞蝗对紫波谱120°蓝波谱30°矢量的趋偏响应程度最优，这与置向无关，而90°矢量最差，与置向及光质均无关。

结果表明：波谱相同，矢量置向对东亚飞蝗趋偏响应程度的影响与偏振光态有关，且部分偏光导致矢量置向对东亚飞蝗趋偏响应性最优与最差矢量的影响最显著（$p<0.001$），而线偏光中左、右置向矢量的作用不显著；偏振光态相同，矢量置向的影响程度与波谱光质有关，且紫波谱对东亚飞蝗偏光响应的操控性优于蓝波谱（$p<0.05$）。经多因素对比分析可知，偏光波谱矢量置向对东亚飞蝗的诱导作用效果中，线偏紫波谱120°左、右置向矢量最优（约94.5%）、部分偏光紫波谱60°左置向及150°右置向矢量次之（约92.5%），部分偏光紫波谱60°右置向及150°左置向矢量最差（约70.5%）、线偏蓝波谱90°左、右置向矢量次差（约71.5%）。

部分偏光及线偏光的辐照能量相同时，偏振波谱光态影响东亚飞蝗对置向性矢量的视趋敏感强度，且紫、蓝波谱部分偏光及线偏光矢量置向光照作用下，东亚飞蝗趋偏聚集程度结果分别如图48、图49所示。

矢量置向相同时，波谱、光态、矢量均显著影响东亚飞蝗趋偏聚集程度：紫-$p<0.001$，右置向$F_{部分偏光}=30.962$、右置向$F_{线偏光}=20.441$，左置向$F_{部分偏光}=25.396$、左置向$F_{线偏光}=20.300$；蓝-$p<0.001$，右置向$F_{部分偏光}=58.824$、右置向$F_{线偏光}=34.902$，左置向$F_{部分偏光}=53.821$、左置向$F_{线偏光}=45.949$）（图48、图49）。由结果可知：部分偏光，紫波谱中60°左、150°右置向东亚飞蝗视

趋敏感强度最优，且东亚飞蝗视趋敏感强度与矢量置向有关；蓝波谱中 150°左、右置向东亚飞蝗视趋敏感强度最优，且东亚飞蝗视趋敏感强度与矢量置向无关；紫波谱中 150°左、60°右置向东亚飞蝗视趋敏感强度最差，蓝波谱中 90°左、右置向东亚飞蝗视趋敏感强度最差。线偏光，紫、蓝波谱中 120°左、右置向东亚飞蝗视趋敏感强度均为最优，且东亚飞蝗视趋敏感强度与矢量置向均无关；60°左、右置向均为次优，且与矢量置向也无关；紫波谱中为 90°左、右置向，蓝波谱中为 150°左、右置向东亚飞蝗视趋敏感强度最差，且东亚飞蝗视趋敏感强度与矢量置向均无关。

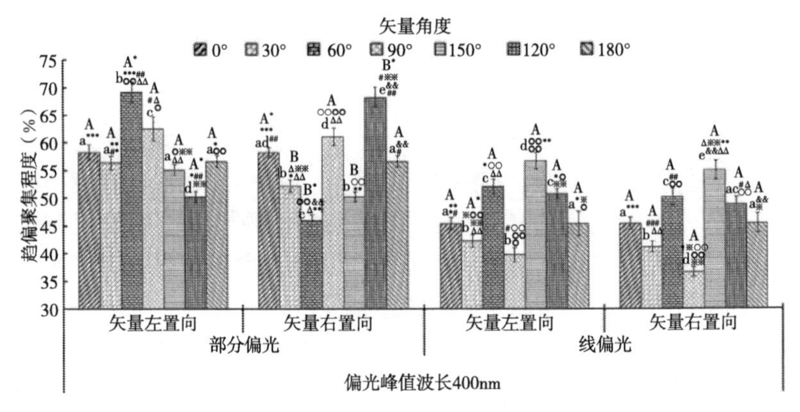

图 48　东亚飞蝗对紫波谱部分偏光及线偏光矢量置向的趋偏聚集程度

注：结果为均值±标准误（SE）。矢量置向相同，不同偏光矢量之间，相同小写字母表示偏光态矢量的作用效果差异不显著（$p>0.05$），不同小写字母表示差异显著（$p<0.05$）；偏光矢量相同，不同矢量置向之间，相同大写字母表示不同矢量置向的作用效果差异不显著（$p>0.05$），不同大写字母表示差异显著（$p<0.05$）；*或#、△、◎、※表示差异非常显著（$p<0.01$），**或***、##、###、△△、△△△、◎◎、※※、※※※表示差异极度显著（$p<0.001$）。

紫波谱部分偏光有个别例外，30°及 120°左右置向的影响差异性显著（$p<0.05$，$F_{30°}=7.911$；$F_{120°}=14.208$），60°及 150°左右置向的影响非常显著（$p<0.01$，$F_{60°}=91.657$；$F_{150°}=88.741$），部分偏光及线偏光的紫、蓝波谱其余矢量的左右置向的影响差异性均不显著（$p>0.05$）。由多因素方差分析可知：偏振光态与波谱光质的互致效应显著影响东亚飞蝗对矢量置向的趋偏聚集程度，且矢量置向相同时东亚飞蝗对部分偏光的视趋敏感强度优于线偏光，而偏振光态与矢量置向的耦合效应对东亚飞蝗视趋敏感强度的影响与波谱光质有关，且紫波谱的强化性强于蓝波谱。

结果表明：波谱光质影响偏振光态矢量置向对东亚飞蝗视趋敏感强度的作用效果。紫波谱部分偏光的60°左置向及150°右置向的作用效果最强（68.5%左右），90°左、右置向次之（61.5%左右）；蓝波谱部分偏光90°左、右置向最差、蓝波谱线偏光150°左、右置向最差（31.5%左右）。

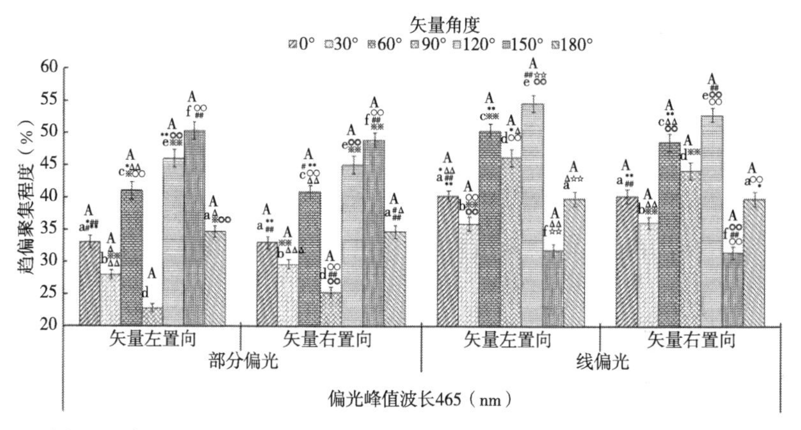

图49 东亚飞蝗对蓝波谱部分偏光及线偏光置向矢量的趋偏聚集程度

注：结果为均值±标准误（SE）。矢量置向相同，不同偏光矢量之间，相同小写字母表示偏光态矢量的作用效果差异不显著（$p>0.05$），不同小写字母表示差异显著（$p<0.05$）；偏光矢量相同，不同矢量置向之间，相同大写字母表示不同矢量置向的作用效果差异不显著（$p>0.05$），不同大写字母表示差异显著（$p<0.05$）；*或＃、○、△、◎、☆、※表示差异非常显著（$p<0.01$），**或***、＃＃、＃＃＃、△△、△△△、○○、◎◎、※※表示差异极度显著（$p<0.001$）。

4.1.3 讨论

昆虫趋光性是昆虫接受光刺激后表现出来的一种综合输出反应，就蝗虫而言，光信息的类型及其质和量决定蝗虫光活动行为的类别和强度[60]。有研究表明，偏光矢量模式对蝗虫空间定位起着决定作用，且偏光刺激模式的加入，可有效强化蝗虫光响应效果，但波谱偏振光场属性的作用机制不明确[61]。本研究表明，波谱偏振光态矢量置向效应导致东亚飞蝗偏振视觉的矢量敏感响应模式发生重置，且紫波谱偏振矢量模式的作用效果强于蓝波谱，而矢量置向的影响与波谱偏振光态的刺激效应有关，且蝗虫偏光响应敏感矢量的变化与波谱偏振光质、偏振光态的异质调控性有关，该结果与波谱偏振效应和偏振矢量模式耦合调控东亚飞蝗复合视觉进而影响东亚飞蝗视敏感知定向性活动强度结果相符[62]。因而，依据东亚飞蝗对部分偏光的敏感矢量（图 47、图 48）及蓝波谱下对线偏光的敏感矢量差异（图 47、图 49），进行紫波谱部分偏光敏感矢量光照与紫、蓝波谱的线偏敏感矢量光照的组合，可有效调控东亚飞蝗偏振视觉的视敏性，诱发东亚飞蝗产生波谱偏振光态特异敏感性响应效应，并可操控蝗虫偏光响应效应形成偏光波谱耦合刺激模式，突破目前的单光诱导刺激模式，为蝗虫偏光行为机制的研究及蝗虫偏光监控预警和绿色防控农业工程装备的研制提供了支撑。

依据试验光源设置、马吕斯定律、偏振度计算公式计算所得试验用偏光参量，结果如表 28 所示，以此分析偏光参量对蝗虫偏光响应效应的影响。

表 28　波谱偏振光态的偏光参量

参量	偏振光态	波谱	矢量角度						
			0°	30°	60°	90°	120°	150°	180°
			左　右	左　右	左　右	左　右	左　右	左　右	左　右
光照度	部分偏光	紫	$1.5I_0$	$1.375I_0$	$1.125I_0$	I_0	$1.125I_0$	$1.375I_0$	$1.5I_0$
		蓝	$6I_0$	$5.5I_0$	$4.5I_0$	$4I_0$	$4.5I_0$	$5.5I_0$	$6I_0$
	线偏光	紫	I_0	$0.875I_0$	$0.625I_0$	$0.5I_0$	$0.625I_0$	$0.875I_0$	I_0
		蓝	$4I_0$	$3.5I_0$	$2.5I_0$	$2I_0$	$2.5I_0$	$3.5I_0$	$4I_0$

（续）

参量	偏振光态	波谱	矢量角度													
			0°		30°		60°		90°		120°		150°		180°	
			左	右	左	右	左	右	左	右	左	右	左	右	左	右
偏振度（P）	部分偏光	紫	0.20		0.16		0.06		0		0.06		0.16		0.2	
		蓝														
	线偏光	紫							1							
		蓝														

由表 28 可知，90°左、右置向部分偏光的偏振度为 0，其实质为波谱光照，而紫、蓝光照对东亚飞蝗的操控诱导差异性不显著，其源于蓝光传播照度大于紫光（4 倍），该结果与光照强度可强化东亚飞蝗波谱视敏性结果相符[18]。但东亚飞蝗对紫光的趋向敏感强度强于蓝光，源自波谱能量光质属性对东亚飞蝗视敏生物效应的调控强度差异，该结果与昆虫趋光生理诱导状态建立与波谱刺激属性相关结果类似[19,20]。但结果表明，$0<P<1$ 的部分偏光矢量中，东亚飞蝗趋偏响应程度与其光照度、偏振度无关，而与 60°、150°矢量置向（矢量不同）显著相关，且紫、蓝波谱光质不影响东亚飞蝗对矢量置向的视敏属性，但影响趋偏响应程度强弱，其可能与东亚飞蝗偏振视觉对偏光波谱矢量模式的视敏强度识别有关[63]。紫波谱不影响而蓝波谱显著改变东亚飞蝗视响应与视趋最强矢量的敏感性，其可能与东亚飞蝗对波谱偏振光照的梯度刺激效应有关[64]，暗示了东亚飞蝗对部分偏光 90°矢量视趋敏感强度的变化显著性源于东亚飞蝗对紫、蓝波谱的视敏差异性。

线偏光的偏振度为 1，其为完全偏振光，结果表明，矢量置向对东亚飞蝗趋偏响应效果的影响不显著。而东亚飞蝗线偏敏感矢量模式与波谱光质光致性视敏效应有关，光照度的作用不显著，且蓝波谱线偏效应显著引起东亚飞蝗视响应（30°矢量）与视趋（120°矢量）敏感性最优矢量发生变化，而紫波谱线偏效应未引起视响应与视趋敏感性最优矢量发生变化，其可能源于线偏紫、蓝波谱对东亚飞蝗偏振视觉的异质调控性，导致东亚飞蝗产生波谱偏振矢量解析特异性敏感差异[22,23]。因而，东亚飞蝗对线偏矢量模式的敏感性决定东亚飞蝗的视趋敏感强度，而波谱光质导致东亚飞蝗视响应敏感性矢量模式发生变化，且紫波谱的作用效果优于蓝波谱。

偏振光态不同时，偏振度 $P=0$ 的部分偏光光照度最低（90°矢量），而部分偏光光照度与偏振度相对应，且 $P=0$ 的紫、蓝波谱部分偏光分别抑制东亚飞蝗趋偏响应程度，显著抑制东亚飞蝗趋偏聚集程度，因而，部分偏光对东亚飞蝗趋偏响应效应的操控程度与其波谱光质光致性视敏矢量有关。$0<P<1$ 的部分偏光与 $P=1$ 的线偏光相比，紫、蓝波谱在矢量置向相同的情况下，线偏光光照度均低于部分偏光，线偏光对蝗虫偏光响应程度的调控性强于部分偏光，而线偏光对东亚飞蝗趋偏聚集程度的作用效果分别弱于、强于部分偏光，这些结果在偏振度环境中昆虫复合视觉的偏振波谱矢量敏感响应模式中已获得初步验证[65]。因此，偏振度越高而光照度越低，矢量模式对东亚飞蝗趋偏响应程度的作用越强，但偏振度对东亚飞蝗趋偏聚集程度的作用效果与波谱光质有关，且紫波谱的作用效果强于蓝波谱。同时，紫波谱部分偏光的偏振度越低，光照度越强，敏感矢量模式的作用效果越强，蓝波谱与之相反，进一步预示了通过改变偏光光态光参量操控东亚飞蝗偏光行为强度的可行性。

4.2 蝗虫异质光照诱导杀灭收集装置的研发

鉴于蝗虫在非完全偏振环境中呈现偏振敏感类型识别特性和非偏振光谱梯度耦合刺激调控性生物拮抗敏感响应特性，则实施不同偏光光照和波谱非偏光光照的耦合刺激，可有效调控蝗虫复合视觉（偏振视觉、趋光视觉）的敏感性，强化不同光质属性光照特性的光致性诱集效果。

由此可知，依据异质波谱偏振矢量刺激模式，结合异质波谱的特异激发诱导特性，实施线偏光部分偏光不同矢量光照和波谱光照的交替刺激模式，可提高蝗虫视敏性，增强诱导效果。

依据已有研究结果，利用蝗虫趋偏趋光复合视觉的光致视敏强化实施模式，构建波谱偏光光矢激发与波谱光照诱导的调控方式，实施不同偏光矢量与不同波谱光质旋转交错刺激措施，并结合指向性汇集光束，实现不同光行为特征蝗虫的光诱聚集效应及上灯强化效果，并依据电子束辐照杀灭措施，配合移动行走系统实施扫卷气吸措施，获得蝗虫多重调控性杀灭收集实施措施，而且，针对大功率 LED 发光生热的热致效应，可保证光热诱导聚集效应的有效实施。在此基础上，研发的偏光与波谱异质光照诱导性蝗虫杀灭收集装置如图 50 所示。

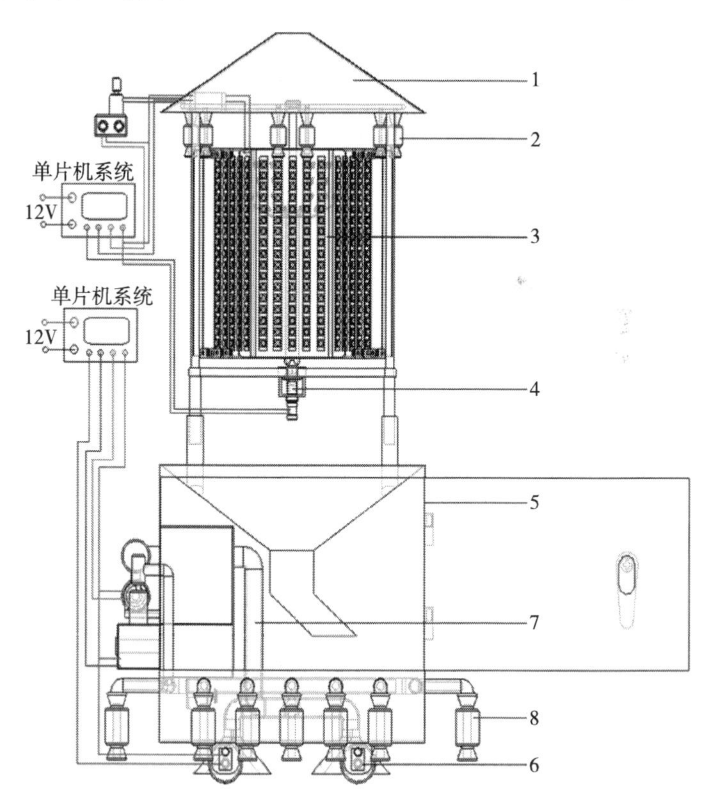

图 50　偏光与波谱异质光照诱导性蝗虫杀灭收集装置

该装置（图 50）主要由支撑系统（1）、电子束辐照杀灭系统（2）、光源发光系统（3）、光源旋转系统（4）、箱体（5）、行走系统（6）、负压气吸收集系统（7）和电子束辐射杀灭系统（8）等组成。装置光源系统如图 51 所示。

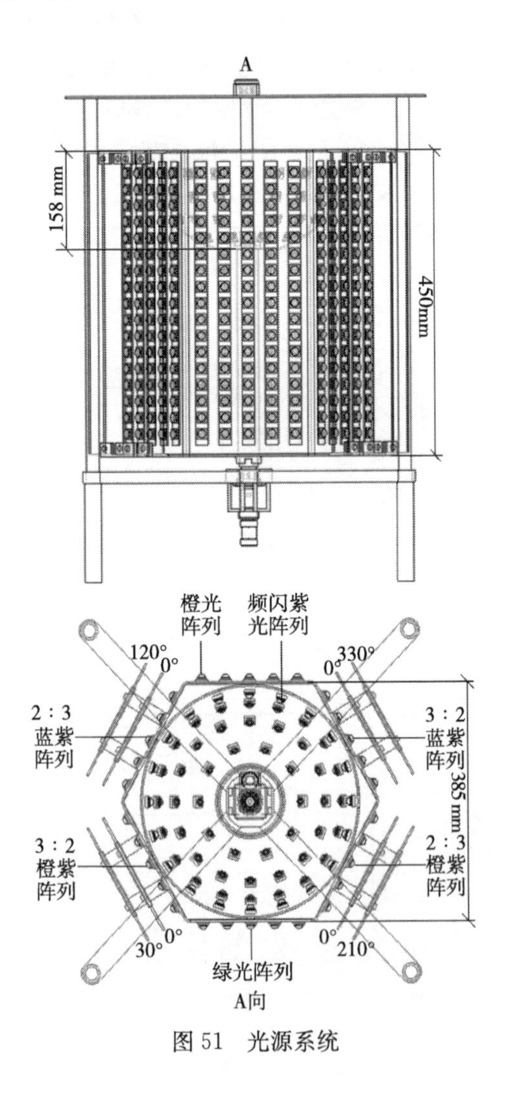

图 51　光源系统

4.2.1 装置诱杀收集蝗虫的工作原理

装置由 12V/120Ah 蓄电池供电，利用蓝：紫=2：3、橙：紫=3：2、橙：紫=2：3、蓝：紫=3：2 组合光照，分别对应其致使的蝗虫敏感性 120°、30°、210°、330°偏光光矢，在 4 个方向上获得蝗虫敏感性波谱偏光光矢光照，并在 2 个方向上利用橙、绿长波谱单光照获得蝗虫趋光敏感性光照，获得不同方向、不同波谱光质光照耦合属性（波谱光、线偏光、部分偏光）的光刺激模式（图 51）。

而且，利用旋转系统带动六面体光源定位旋转至不同预定位置实现不同光属性的交替定向刺激，实现蝗虫不同光照变化调控性视趋敏感强化，获得地面蝗虫趋光趋偏互致增效性光致诱导聚集效果，且利用球状内凹灯体汇集频闪紫光形成光照强度增强性空中指向性探照光束，获得高空飞翔蝗虫光标定向诱导效应，并利用大功率 LED 阵列（500～1 000W）发光生热的热致效应，实现趋偏趋光趋热三种生物响应互致调控变换性诱导效果，获得热致与光致耦合强化性光热调控聚集诱导效应。六面体光源的开启与旋转停止工作模式的同步性，带动光源在设定位置实施不同光属性交替刺激功能，获得蝗虫复合视觉刺激的光交变调控效果，实现蝗虫趋偏与趋光耦合的光致多重刺激调控效果，结合光源光照强度突变式刺激效应、热致变性生物活动强度，实现蝗虫耦合变化刺激下光热致性剧烈上灯行为，在此基础上，实施电子束杀灭、光照突变致落等，对上灯蝗虫产生生物体致变性影响，获得蝗虫上灯杀灭落虫收集功效。

同时，针对趋光爬行蝗虫、趋光下落蝗虫及蝗虫不上灯等，利用行走系统带动整个装置实现巡航移动功能，利用箱体四周布置的电子束辐射装置实施逼近蝗虫杀灭，并结合负压气吸收集装置，利用负压气吸输送方式将蝗虫送入沉降室实施分离，实现地面蝗虫的收集，而且，电子束辐射装置的布置可扩展有效的杀灭范围，并可结合地势调整气吸装置，获得有效的收集方式。

4.2.2 装置的结构功能及光照配置实施途径

4.2.2.1 装置的结构功能配置

支撑系统由连杆经透明玻璃支撑板固定连接透明玻璃防护罩，置于箱体上方，支撑连接置于其上的系统并发挥将汇集的探照光束射向空中的透光聚热功能。电子束辐照杀灭系统，由单片机系统控制脉冲变压器经速调管产生高能电子，经置于支撑板上方的波导管系统及与其相连于支撑板下方的周向均匀布置型电子加速喷枪（12个）喷施，形成周向交叉式电子束场，对上灯蝗虫进行高能电离击杀。光源发光系统由内凹镀银球形灯体和六面灯体经上、下连接板固定连接，并分别设置铝基片且焊接 3W LED 光源，形成高空指向及六面周向发光光源，由上、下螺母经内置板和下连接板固定于旋转轴上。升压模块稳定电压。六面体光源的 4 个不同方向上经上、下连接板处的上、下偏振片支板固定线偏振片，对应蓝：紫＝2：3、橙：紫＝3：2、橙：紫＝2：3、蓝：紫＝3：2 波谱光致蝗虫偏振视觉敏感光矢，形成 120°、30°、210°、330°波谱偏光光矢发光模式。在另 2 个背向方向上设置橙、绿光照发光模式，实现六面方向上偏光与波谱光不同光属性的光刺激模式，而且，单片机系统控制实现球状频闪紫光发光模式，实施空中蝗虫光标诱导功能。光源旋转系统的旋转轴两端安装轴承，置于上、下轴承座内，电机系统安装于支撑架下方的电机支撑上，经联轴器与旋转轴连接，支撑架固定连接于连杆上支撑其上系统，单片机系统控制旋转模式，带动光源在不同方向上形成偏光光矢，与波谱变化交替刺激，诱发蝗虫上灯。箱体内部上方设置的 45°落虫漏斗其上固定连接支杆，其下设置落虫口，半侧板及箱板与底板形成箱体空间，箱体设置箱门并经门把手开启封闭。行走系统的支撑侧板固定于箱体底板下方，轮轴穿过行走轮并两端安装轴承，置于轴承座内。行走电机系统固定于侧板上并与轮轴相连，由单片机系统控制实现行走模式，并收集地面蝗虫。负压气吸收集系统的罗茨风机、气泵、电机形成风吸系统，经风吸管道与气吸沉降室相连，并经网络输送管道与固定于底板上的扫地式吸头相连，由单片机系统控制实现行走移动负压气吸输送收集功能。电子束辐射杀灭系统，其脉冲功率源、速调管、加速器在单片机系统控制作用下产生高能电子，经波导辐射系统高压加速分流，由电子束辐射喷枪在箱体四周形成电子束辐射杀灭场，对地面蝗虫进行杀灭；单片机系统、脉冲变压器及速调管、蓄电池供电系统置于装置外的电器箱内。

4.2.2.2　光照配置实施途径

光源发光系统的内凹性球状灯体内的大功率紫光阵列（3W/颗），由单片机系统编程实现30ms发光间隔频闪光照，结合凹弧镀银表面对光照强度的汇聚性，形成高空探照性汇聚光束，实现空中飞翔及迁飞蝗虫的光标配置诱导。六面灯体光源每面设置5列条状LED光源，且4个面上配置形成橙紫、蓝紫配比不同的波谱，并设置线偏片，在4个方向形成蝗虫异质波谱耦合光致敏感性120°、30°、210°、330°偏光矢量光照，另2个方向分别配置形成绿、橙长波谱光照，形成周向波谱配置不同的异质光照属性的诱导调控途径；大功率LED光源阵列（300～500W）发光时产生的光电生热效应，形成热致趋热配置的热施措施，实现蝗虫光热互致强化的上灯效应，获得蝗虫光诱热集互动性实施效果。

光源旋转系统由单片机系统控制，带动光源发光系统实现360°正反旋转中间隔60°间歇定位停滞，由编程实现电机系统在360°正反转中间隔60°的旋转速度（60°/300 ms），且每转60°由定位启停阀及程序实现电机系统20min的间歇停止，以此实施电机在夜间19：30—5：30内带动光源360°正反循环间歇转动刺激措施，实现不同光照属性（线偏光、部分偏光、波谱光）在不同方向上的交替刺激模式。电机系统在300ms内转动60°时单片机系统控制实施六面体光源关闭，转动停止时实施六面体光源开启的光照模式，获得光源关闭及开启的光照突变调控性视错敏感强化效果，强化光诱热集上灯效果。

4.2.3　异质光照诱导杀灭收集装置的应用特点

装置满足大田区域、山地丘陵、河淀滩涂里灾害蝗虫的捕获以及草原荒漠捕蝗的多种需求，既可进行定点的灾害蝗虫捕集，也可以在蝗虫灾害暴发区进行大范围的移动式诱导捕集。

4.3 红光作用下西花蓟马视响应效应的光推拉调控效果测定

4.3.1 试验设计

为确定蓟马类害虫趋忌敏感性光照属性，明确光操控蓟马类害虫趋避行为形成推拉光源防治蓟马类害虫的增效可行性，以河南省农业科学院蔬菜花卉示范基地内繁殖多代且羽化1～2日龄的健壮西花蓟马雌成虫为试虫，利用西花蓟马视响应效应测定装置（图52），测试红光对西花蓟马视响应单波谱光照视敏性的影响，分析光照属性对视响应西花蓟马趋向敏感光源的特异调控效应，以及红光的驱推增效性。

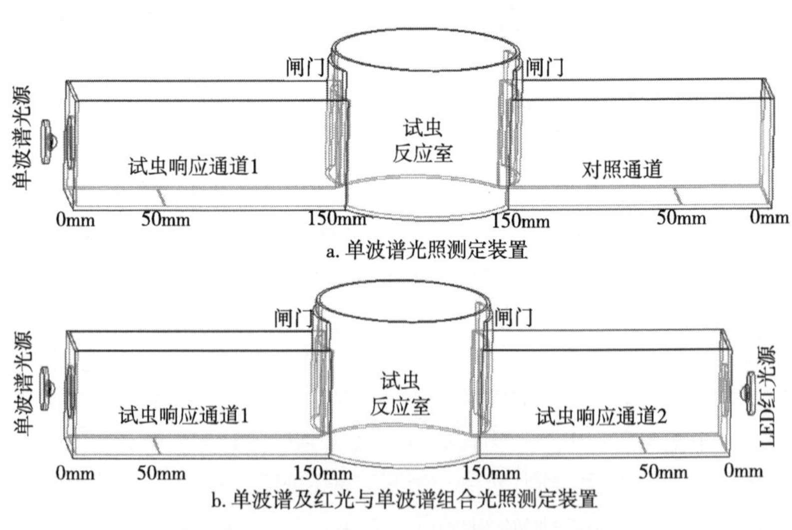

a. 单波谱光照测定装置

b. 单波谱及红光与单波谱组合光照测定装置

图52　西花蓟马视响应效应测定装置

装置中，3W发光二极管（LED，Hongtai Electronics Co. Ltd.），其峰值波长分别为365nm（紫外）、405nm（紫）、520nm

（绿）、560nm（黄）、650nm（红），作为试验光源。光源光照度由照度计（型号：TES-1335，分辨率：0.01lx）标定为 6 000lx、12 000lx，光源光照能量由辐照计（型号：FZ-A，分辨率：±5%）标定为 35mW/cm^2、70mW/cm^2，以此分析光照属性对西花蓟马视敏性的影响。

图 52a 中波谱单光源置于响应通道 1 前端，图 52b 中单波谱光源、红光源分别置于响应通道 1、响应通道 2 前端，分别测试西花蓟马对单波谱光照、红光与单波谱组合光照的视响应效应，以此对比明确红光与紫外、紫、黄、绿光组合光照对西花蓟马视响应效应的推拉作用。

在此基础上，利用西花蓟马视趋选择性视响应效应装置（图 53），测试西花蓟马对单波谱光照（图 53a）、红光与单波谱组合光照（图 53b）的视响应效应，以此分析光照属性对视响应西花蓟马趋向选择单光的影响，以及红光对西花蓟马视响应效应的驱逐强化效果。装置中，耦合通道前端两臂放置 2 种光源，其组合光谱分别为黄+绿、黄+紫、黄+紫外、绿+紫、绿+紫外。

西花蓟马视响应效应测定中，针对每一单波谱光照、红光与每一单波谱光照对应的 6 000lx、12 000lx、35mW/cm^2、70mW/cm^2，各备 3 组（30 只/组）暗适应试虫，测试西花蓟马的视响应效应。西花蓟马视趋选择性视响应效应测定中，针对每一单波谱光照、红光与每一组合波谱光照对应的 6 000lx、12 000lx、35mW/cm^2、70mW/cm^2，各备 3 组（30 只/组）暗适应试虫，测试西花蓟马的视响应选择效应。

试验于 20：00—22：00 时在暗室内进行。试验温度为（27±1）℃，相对湿度为（65±5）%。试验前，针对各装置，布置光源并标定光照度，用毛笔刷引接试虫于反应室内。试验时，开启光源及闸门，测试 3 组试虫中每组试虫对对应光照条件的视响应效应，3 组试虫依次完成测试。每次试验后，关闭光源及闸门，开启室内光源，统计各通道 0～50mm、0～150mm 内的虫数，每组处理间隔为 10min。

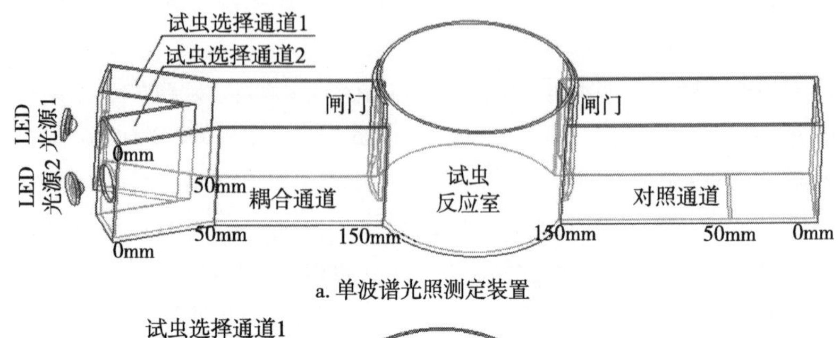

a. 单波谱光照测定装置

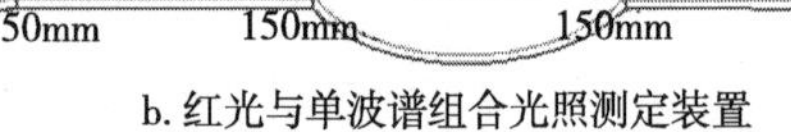

b. 红光与单波谱组合光照测定装置

图 53　西花蓟马视趋选择性视响应效应装置

西花蓟马视响应效应测定试验完成后：计算西花蓟马响应通道1（图 52）中西花蓟马分布于区段 0～50mm 内 3 组试虫均值（n_{11}、n_{12}），0～150mm 内 3 组虫数均值（n_{21}、n_{22}）；利用公式（$n_{11}-n_{12}$）/30×100%、（$n_{21}-n_{22}$）/30×100%分别计算有无红光下趋近率、视响应率的差值，分别以趋近对比率（%）、视响应对比率（%）反映红光及光照属性对西花蓟马视敏性的光致推拉操控效应；利用公式 n_{12}/30×100%、n_{22}/30×100%分别计算趋近率（%）、视响应率（%），反映红光对照下西花蓟马的趋近强度、视响应程度，并分析红光与单光的波谱配对光照对西花蓟马的推拉调控效果。

西花蓟马视趋选择性视响应效应测定试验完成后：计算 3 组西花蓟马分布于选择通道 1、选择通道 2、耦合通道中的虫数均值（图 53a：n_{31}、n_{32}、n_{33}；图 53b:n_{41}、n_{42}、n_{43}）；利用公式［（$n_{41}+n_{42}+n_{43}$）－（$n_{31}+n_{32}+n_{33}$）］/30×100%计算的值，分析红光对西花蓟马视响应组合光照属性的推拉作用，利用公式（$n_{41}+n_{42}+n_{43}$）/30×100%计算视响应率（%），反映红光对照下西花蓟马对组合光照属性的视响应敏感性；利用公式［（$n_{41}+n_{42}$）－（$n_{31}+n_{32}$）］/30×100%计算总趋近选择对比率（%），反映红光对照下西花蓟马对组合光照属性的视敏趋近差异，并利用公式（$n_{41}+n_{42}$）/30×100%计算总趋近选择率（%），反映红光对照下西花蓟马对组合光照属性的趋近敏感性；利用公式（$n_{41}-n_{31}$）/30×100%、（$n_{42}-n_{32}$）/30×100%计算趋近选择对比率（%），反映红光对西花蓟马趋近选择单波谱光照属性的影响，并利用公式n_{41}/30×100%、n_{42}/30×100%计算的趋近选择率（%），反映红光对照下西花蓟马对不同波谱光照属性的趋近选择敏感性。

4.3.2 试验结果与分析

采用一般线性模型分析比较各 LED 诱导的西花蓟马均值百分比，并采用差异水平 $p=0.05$ 的 LSD 试验进行多重分析。在差异水平 $p=0.05$ 上采用 t 检验进行相同光谱的不同光照强度、相同光照强度的不同光谱处理间的差异显著性分析。采用 Excel、SPSS 软件（SPSS Inc.，2007 Chicago，IL.）对处理数据进行统计分析。试验结果为均值±标准误（SE）。

红光与无红光作用下西花蓟马对单光不同的光照属性的视响应对比结果如图 54 所示。

光照度对西花蓟马的视响应效果影响不显著（$p>0.05$，$F_{6\,000lx}=3.056$、$F_{12\,000lx}=2.441$），且紫外光的作用效果最强而黄光最弱（图 54）。光源辐照能量显著影响西花蓟马的视响应效果（$F_{35mW/cm^2}=17.383$，$p<0.01$；$F_{70mW/cm^2}=48.369$，$p<0.001$），黄光的作用效果最强而紫外光最弱。

光照度增强，紫外光与黄光相比，紫外线对比率变化最显著（6 000lx，$p<0.05$；12 000lx，$p=1.00$），且紫外光的作用效果随光照度的增强而减弱（$p<0.05$），黄光的作用效果随光照度的增强而增强，其余波谱光中，红光的作用效果无明显变化（$p>0.05$）。辐照能量增强，紫外光的作用效果减弱。由结果可知，红光驱使西花蓟马对单波谱光的响应敏感性呈推致增效性，单波谱光

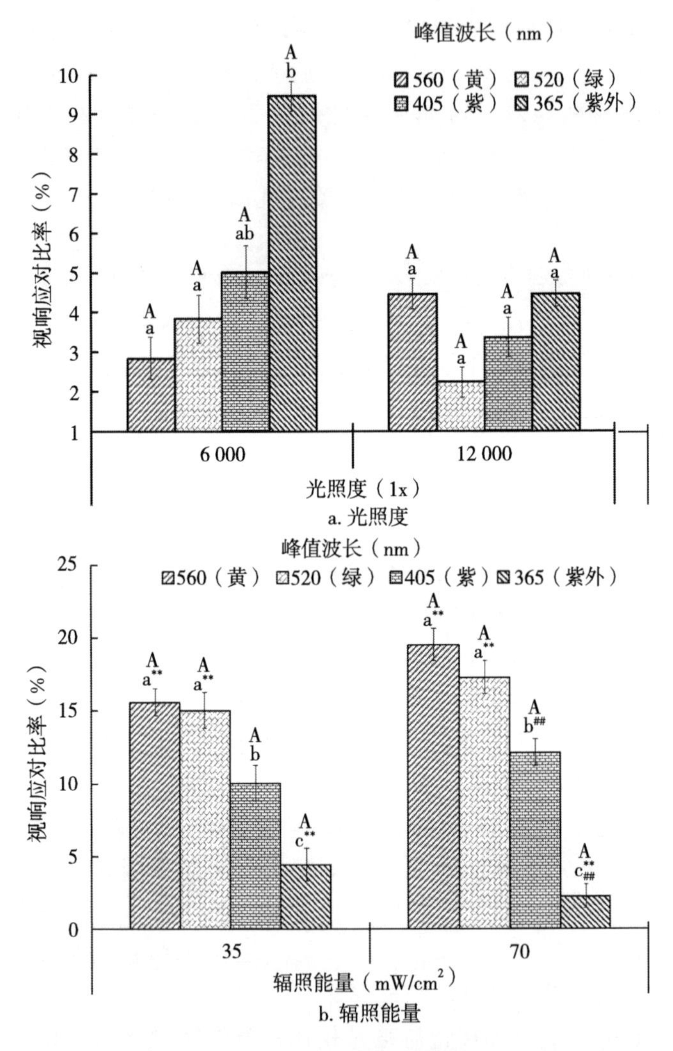

图 54　西花蓟马对单光不同光照强度属性的视响应对比结果

注：光照强度相同，不同波谱之间，相同小写字母表示差异不显著（$p>0.05$），不同小写字母表示差异显著（$p<0.05$）；波谱相同，两不同光照强度之间，相同大写字母表示差异不显著（$p>0.05$），不同大写字母表示差异显著（$p<0.05$）；不同大、小写字母上标＊或＃表示差异非常显著（$p<0.01$），＊＊或＃＃表示差异极度显著（$p<0.001$）。

呈拉致视敏性，而二者的推拉增效效果与光照属性有关，且光照度下，紫外光的推拉增效性最强，而辐照能量下，黄光的推拉增效性最强。光照强度增强，抑制紫外光而强化黄光的推拉增效效果。经对比，光照度下，6 000lx 时，紫外光的推拉增效性最强（9.46%）；辐照能量下，70mW/cm^{2}时，黄光的推拉增效性最强（19.48%）。

红光作用下西花蓟马对单光不同的光照强度属性的视响应结果如图 55 所示。

但光照强度属性相同，不同单波谱光的推拉性视响应效果与单波谱光质的光致视敏性有关（图 55：$p<0.001$，$F_{6000lx}=40.283$、$F_{12\,000lx}=36.444$；$p<0.01$，$F_{35mW/cm^2}=12.852$；$p<0.001$，$F_{70mW/cm^2}=19.458$）。紫外光的光致性视响应效果最优，紫光次之，绿光最差；光照强度属性不同，黄、绿光中，6 000lx 的推拉效果低于 35mW/cm^2（$p<0.01$）、12 000lx 与 70mW/cm^{2}无明显差异（$p>0.05$）；而紫、紫外光中，6 000lx 与 35mW/cm^2、12 000lx 与 70mW/cm^{2}相比，差异均不显著（$p>0.05$）。光照强度增加，强化相同单波谱光的推拉效果，且光照度下的强化效果（$p<0.01$）中，黄光最强、紫外光最弱，并均强于辐照能量下的强化效果（$p<0.05$），但 12 000lx 及 70mW/cm^{2}时，紫外光的推拉性视响应效果最优（72.00%左右），紫光次之，绿光最差（63.00%）。

西花蓟马对单光不同光照强度属性的趋近对比结果如图 56 所示。

光照强度属性相同，西花蓟马对不同单光的趋近敏感性与波谱光质显著有关（图 56：$p<0.01$，$F_{6\,000lx}=9.316$；$p<0.001$，$F_{12\,000lx}=50.738$；$p<0.001$，$F_{35mW/cm^2}=39.583$；$p<0.01$；$F_{70mW/cm^2}=9.919$），且绿光的增效效果最优，紫光最差。光照度增强，黄光的推拉性增效效果最强（$p<0.01$）、绿光次之（$p<0.05$），紫外光的增效性不显著（$p>0.05$），紫光呈现抑制效果，且不显著（$p>0.05$）。辐照能量增强，黄光与紫光的推拉性增效效果较强（$p<0.05$），其余波谱光增效效果不显著（$p>0.05$）。经对比，12 000lx 及 70mW/cm^2 时绿光的增效效果最强

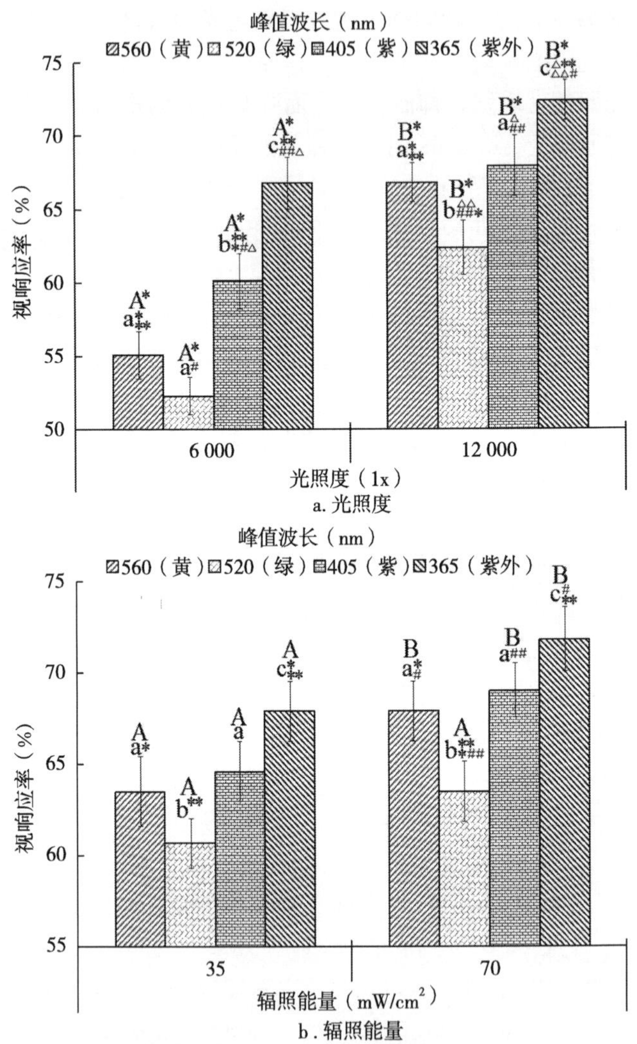

图 55　西花蓟马对单光不同光照强度属性的视响应结果

注：光照强度相同，不同波谱之间，相同小写字母表示差异不显著（$p>0.05$），不同小写字母表示差异显著（$p<0.05$）；波谱相同，两不同光照强度之间，相同大写字母表示差异不显著（$p>0.05$），不同大写字母表示差异显著（$p<0.05$）；不同大、小写字母上标*或＃、△表示差异非常显著（$p<0.01$），**或***＃＃、△△、△△△表示差异极度显著（$p<0.001$）。下同。

(18.50%)；而光照度下，12 000lx 时黄光次强（16.70%），紫光最差（2.23%）；辐照能量下，35mW/cm²时绿光最强（16.14%），紫光最差（0.56%）。

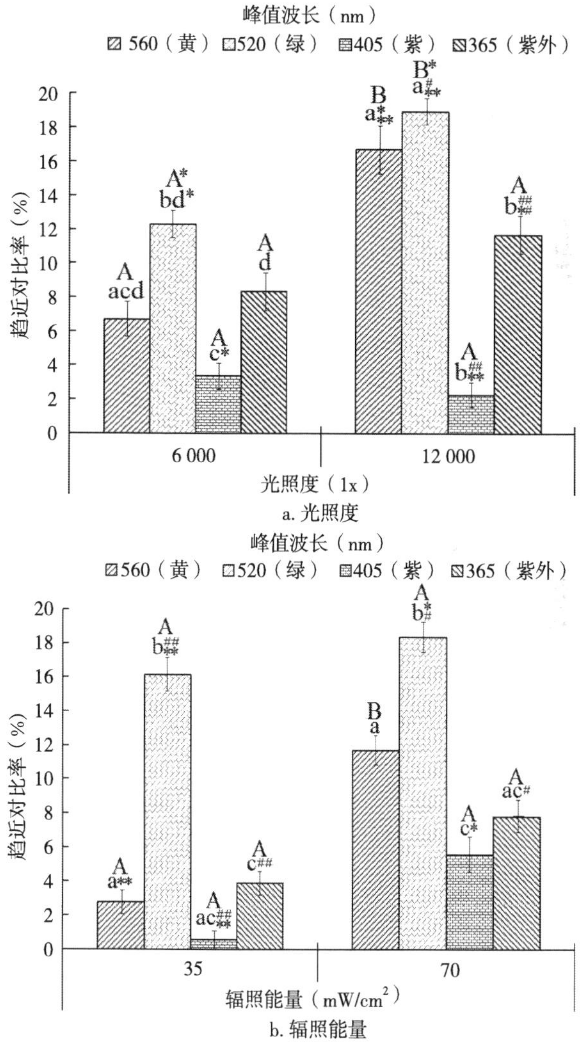

图 56　西花蓟马对单光不同光照强度属性的趋近对比结果

红光作用下西花蓟马对单光不同光照强度属性的趋近结果如图57所示。

光照强度属性相同，不同波谱光的推拉性趋近敏感性与波谱光质有关（图57：$p<0.001$，$F_{6\,000lx}=50.458$、$F_{12\,000lx}=52.333$、$F_{35mW/cm^2}=82.444$、$F_{70mW/cm^2}=39.562$），且紫外光的推拉性趋近效果最优，绿光次之；光照强度属性不同，6 000lx时单光的推拉性趋近效果均低于35mW/cm²（$p<0.01$），但黄光与紫外光，绿光与紫光差异性分别显著（$p<0.01$）、不显著（$p>0.05$），而12 000lx与70mW/cm²相比，差异性均不显著（$p>0.05$），且12 000lx时黄光的推拉性趋近效果高于70mW/cm²的推拉性趋近效果。光照强度增强，相同单波谱光的推拉性趋近效果均显著增强，而光照度的增强效果强于辐照能量，且光照度下黄光的增幅最大（$p<0.001$）；而辐照能量下绿光的增幅最大（$p<0.01$）；但12 000lx及70mW/cm²时，紫外光的推拉性趋近效果最优（47.50%左右），绿光次之（41.75%），而12 000lx时紫光推拉性趋近效果最差（34.51%），70mW/cm²时黄光的推拉性趋近效果最差（32.73%）。

西花蓟马对组合波谱光不同光照强度属性的视响应对比结果如图58所示。

光照强度属性相同，不同组合波谱的推拉增效效果差异性均不显著（$p>0.05$）（图58）；光照强度属性不同，6 000lx与35mW/cm²相比，绿+黄、紫+黄组合光中，6 000lx条件下显著较优（$p<0.05$），紫外+黄组合光中，35mW/cm²条件下较优但不显著（$p>0.05$），其余组合光6 000lx条件下较优且不显著（$p>0.05$）；12 000lx与70mW/cm²相比，绿+黄、紫+黄组合光中，70mW/cm²条件较优但差异性不显著，且紫+黄组合光中差异性相对显著（$p<0.01$）。光照强度增强，组合波谱相同，光照度抑制西花蓟马的视响应效果但差异性不显著（$p>0.05$），而辐照能量强化西花蓟马的视响应效果，多数组合波谱表现为显著，但紫+绿光组合中，强化效果不显著（$p>0.05$），且紫外+绿组合光中，强化效果最显著（$p<0.01$）。结果表明，光照

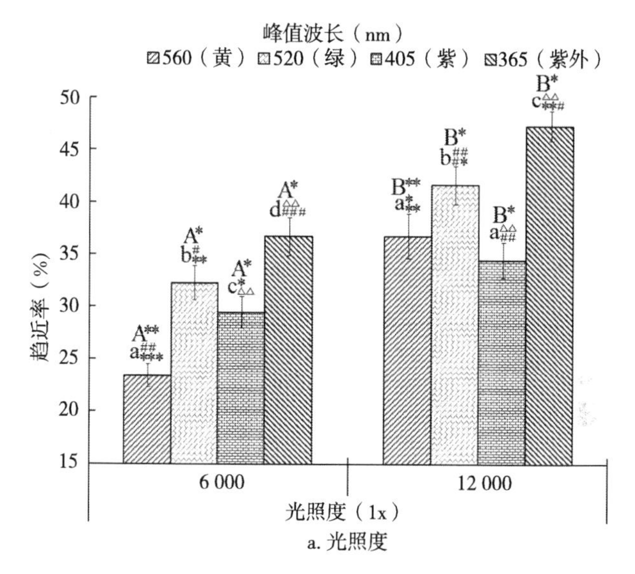

a. 光照度

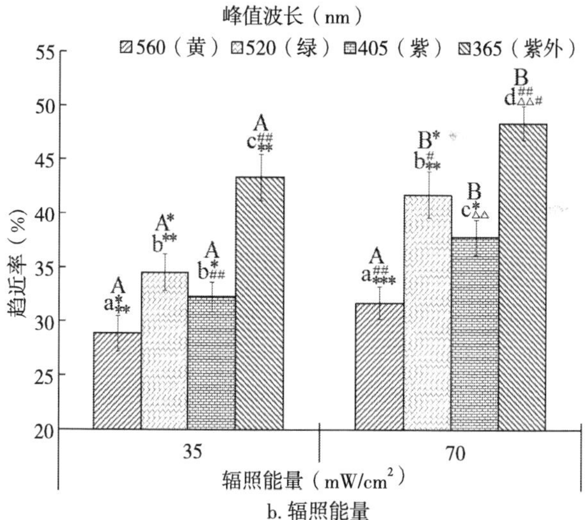

b. 辐照能量

图 57　西花蓟马对单光不同光照强度属性的趋近响应

度下，6 000lx 时，紫＋绿组合光中，增效效果最强（7.35%），而辐照能量下，70mW/cm^{2}时，紫外＋绿组合光中，增效效果最强（13.09%）。

▨520+560（绿+黄） ▨405+560（紫+黄） ▨365+560（紫外+黄） ▨405+520（紫+绿） ▨365+520（紫外+绿） ▨365+405（紫外+紫）

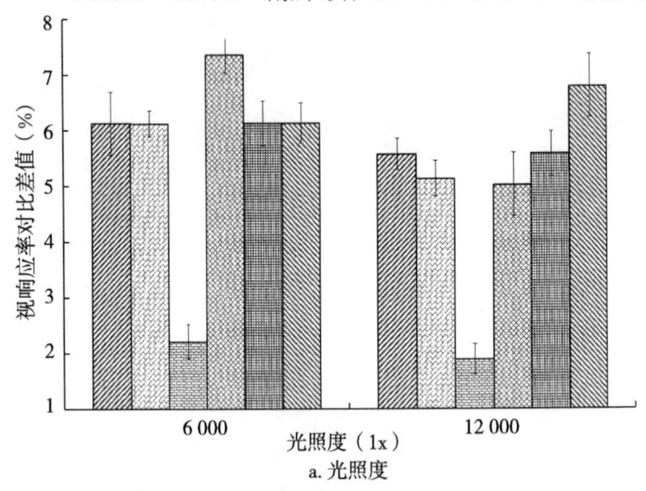

a. 光照度

组合峰值波长（nm）

▨520+560（绿+黄） ▨405+560（紫+黄） ▨365+560（紫外+黄） ▨405+520（紫+绿） ▨365+520（紫外+绿） ▨365+405（紫外+紫）

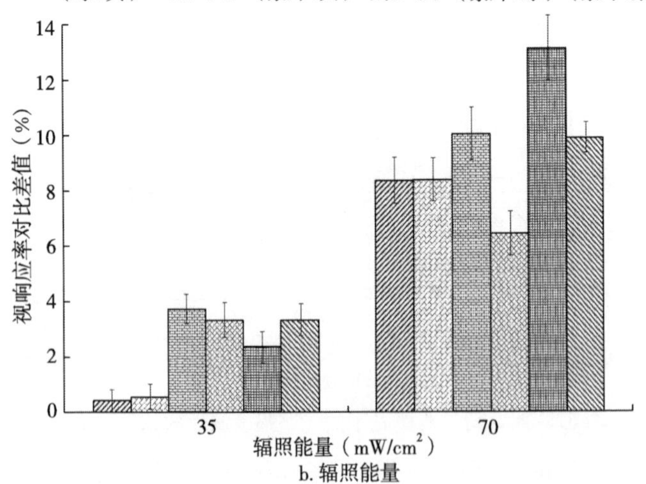

b. 辐照能量

图 58　西花蓟马对组合波谱光不同光照强度属性的视响应对比结果

红光作用下西花蓟马对组合波谱光不同光照强度属性的视响应结果如图 59 所示。

组合峰值波长（nm）

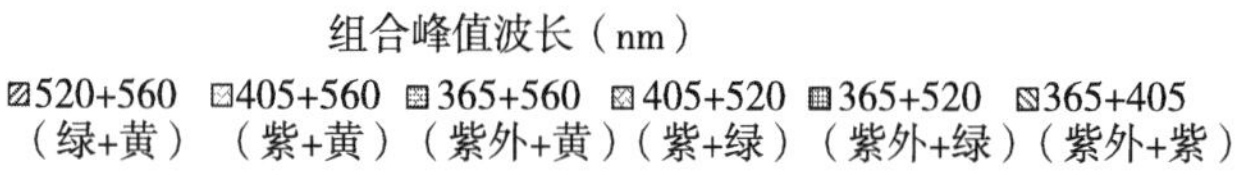

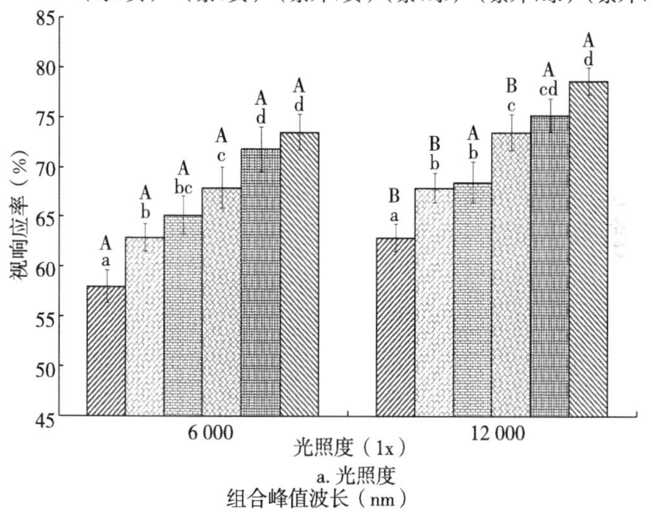

a. 光照度

组合峰值波长（nm）

520+560（绿+黄） 405+560（紫+黄） 365+560（紫外+黄） 405+520（紫+绿） 365+520（紫外+绿） 365+405（紫外+紫）

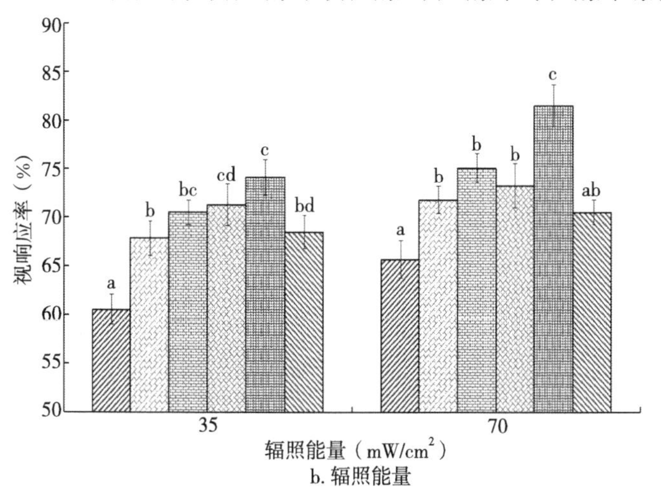

b. 辐照能量

图 59　西花蓟马对组合波谱光不同光照强度属性的视响应结果

光照强度属性相同时，不同波谱组合光显著影响西花蓟马的视响应效果（$p<0.001$，$F_{6\,000lx}=35.269$、$F_{12\,000lx}=24.765$、$F_{35mW/cm^2}=14.331$；$p<0.01$，$F_{70mW/cm^2}=8.704$）（图 59），并与组合波谱光质有关。光照度下，紫外＋紫组合光的推拉性视响应效果最优，紫外＋绿组合光次之，绿＋黄组合光最差；辐照能量下，紫外＋绿组合光最优，绿＋黄组合光最差；光照强度属性不同，6 000lx与 35mW/cm²、12 000lx 与 70mW/cm² 相比，紫外＋紫组合光中，辐照能量引起的视响应效果显著低于光照度（$p<0.01$），而其余光照中，多数优于光照度但差异性不同。光照强度增强，不同组合波谱光的推拉性视响应效果均增强，但视响应效果与组合波谱光质的光照强度属性有关，经对比，光照度下，12 000lx 时，紫外＋紫组合光的推拉性视响应效果最优（78.59%），紫外＋绿组合光次之（75.15%）；而辐照能量下，70mW/cm² 时紫外＋绿组合光最优（81.55%）、紫外＋黄组合光次之（75.15%）。

西花蓟马对组合光中不同单波谱光的趋近选择对比率差值如图 60 所示。

光照强度属性相同，组合光中单波谱光显著影响西花蓟马的趋近选择敏感性，但影响程度不同（图 60：$p<0.01$，$F_{6\,000lx}=6.612$；$p<0.05$，$F_{12\,000lx}=4.526$；$p<0.001$，$F_{35\,mW/cm^2}=71.273$、$F_{70mW/cm^2}=206.427$）。光照度下，紫＋黄组合光抑制西花蓟马的趋近选择敏感性且抑制性不显著，其余组合光强化西花蓟马的趋近选择敏感性，且绿＋黄、紫＋绿组合光强化性不显著；辐照能量下，紫外＋黄、紫外＋绿组合光抑制西花蓟马的趋近选择敏感性，紫＋黄组合光 35mW/cm² 时强化而 70mW/cm² 时抑制西花蓟马的趋近选择敏感性，绿＋黄、紫外＋紫组合光显著强化西花蓟马的趋近选择敏感性；光照强度属性不同，6 000lx 与 35mW/cm²、12 000lx 与 70mW/cm² 相比，紫＋黄、紫＋绿组合光中，不同光照强度属性对西花蓟马的趋近选择敏感性影响不显著，绿＋黄、紫外＋紫组合光辐照能量的作用效果显著优于光照度。光照强度增强对西花蓟马的趋近选择敏感性的影响不显著（$p>0.05$）；辐照能

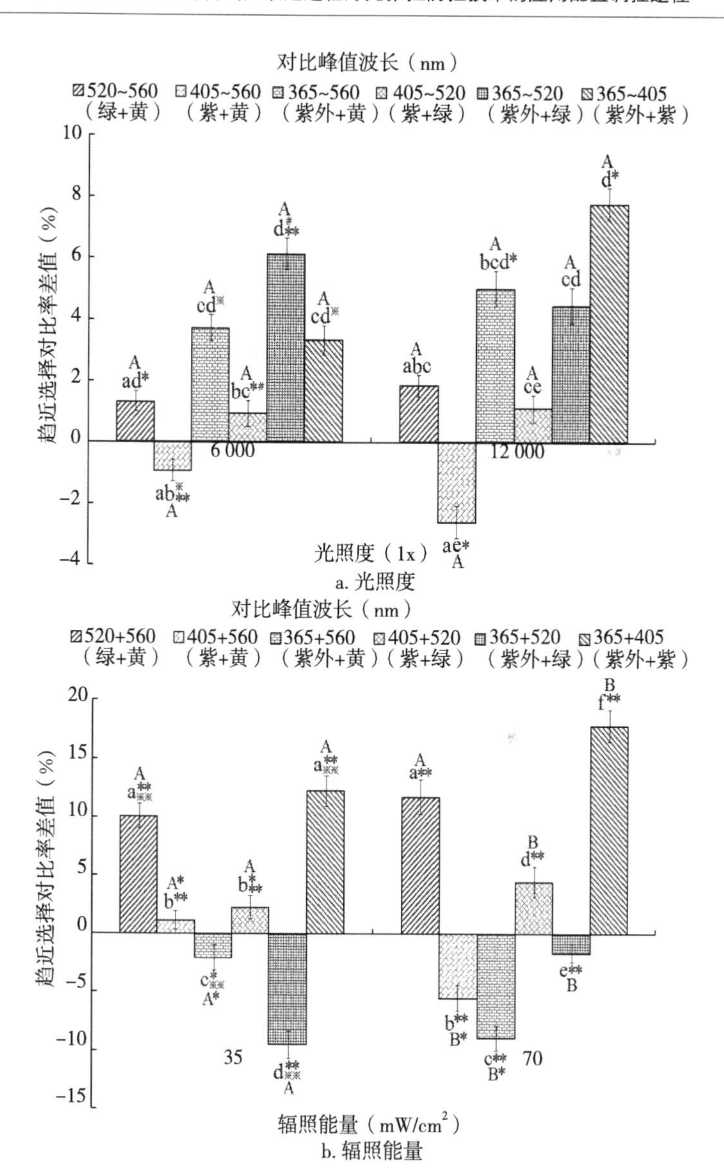

图 60 西花蓟马对组合光中不同单波谱光的趋近选择对比率差值

量增强，绿＋黄组合光对西花蓟马的趋近选择敏感性影响不显著，而其余组合光的影响均显著，其中紫＋黄组合光的影响性最显著

($p<0.01$)。结果表明，光照度下，12 000lx 时除紫+黄光组合抑制西花蓟马的趋近选择敏感性外，其余组合光均强化西花蓟马的趋近选择敏感性，其中紫外+紫组合光最强，且趋近选择对比率差值分别最强（7.79%）；辐照能量下，70mW/cm² 时紫外+组合紫光强化西花蓟马的趋近选择敏感性，35mW/cm² 时紫外+绿组合光抑制西花蓟马的趋近选择敏感性，二者的趋近选择对比率差值分别为 17.81%、−9.47%。

红光作用下西花蓟马对组合光中不同单波谱光的趋近选择对比结果如图 61 所示。

红光作用下，光照强度属性相同，组合波谱光质显著影响西花蓟马对组合光中单波谱光的趋近选择敏感强度，而组合波谱光质相同，光照强度属性显著影响红光的作用效果（图 61：$p<0.001$，$F_{6\,000lx}=26.606$、$F_{12\,000lx}=55.383$、$F_{35mW/cm^2}=25.924$、$F_{70mW/cm^2}=131.279$）。光照度、辐照能量下紫外～黄、紫外～紫光分别导致西花蓟马的趋近选择敏感性增强最显著。光照强度增强，光照强度属性进一步影响西花蓟马的趋近选择敏感性。光照度增强，紫～绿、紫外～绿光抑制西花蓟马的趋近选择敏感性，但不显著，其余组合光均增强西花蓟马的趋近选择敏感性，绿～黄光强化西花蓟马的趋近选择敏感性的效果最明显（$p<0.01$）；辐照能量增强，绿～黄、紫外～紫光显著强化西花蓟马的趋近选择敏感性（$p<0.01$），其余组合光抑制西花蓟马的趋近选择敏感性，其中紫～黄光抑制效果最显著（$p<0.05$）。由结果可知，红光作用下，光照强度属性影响西花蓟马对组合光中波谱光质的对比性趋近选择强度，且光照度下，12 000lx 时紫外～黄光对西花蓟马的趋近选择敏感性最强（23.38%），辐照能量下，70mW/cm² 时紫外～紫光最强（23.38%）。

西花蓟马对组合光不同光照强度属性的趋近对比结果如图 62 所示。

光照强度属性相同，不同组合波谱之间的推拉增效效果差异性均不显著（$p>0.05$）（图 62）。光照强度增强，光照度抑制红光的推拉增效效果但不显著；辐照能量的影响不显著。光照强度属性不同，6 000lx 与 35mW/cm²、12 000lx 与 70mW/cm² 相比，辐照能

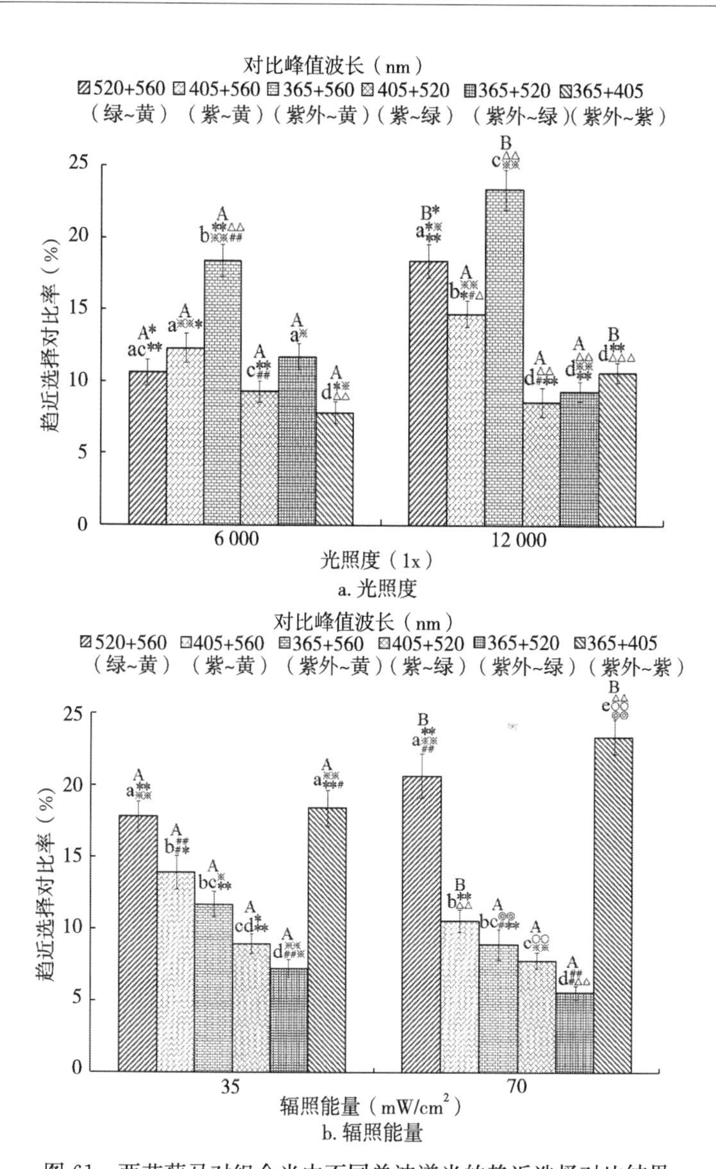

图 61 西花蓟马对组合光中不同单波谱光的趋近选择对比结果

量的作用效果优于光照度，但差异性不显著，且光照度下和辐照能量下均为紫外+紫光的推拉增效效果较优。因而，组合光对西花蓟

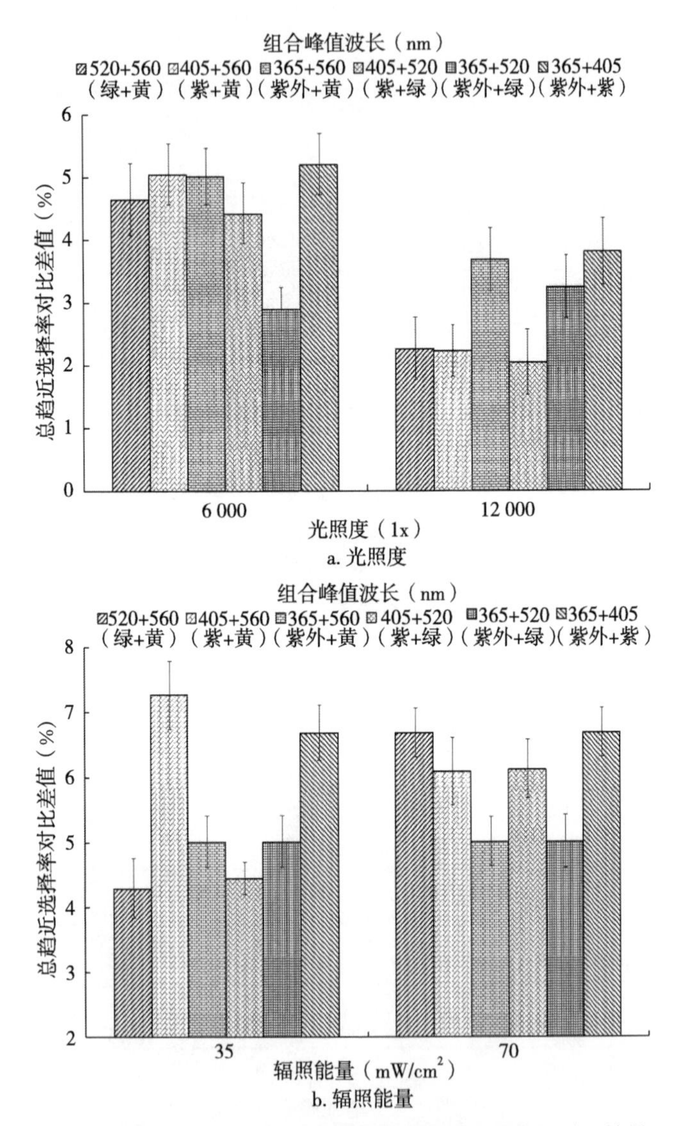

图 62　西花蓟马对组合光不同光照强度属性的趋近对比结果

马的总趋近敏感性的推拉增效效果与组合波谱光质有关，且光照度下，6 000lx 时紫外＋紫光的推拉增效效果最强（5.20％），辐照能量下，35mW/cm^{2}时紫＋黄光的推拉增效效果最强（7.27%）。

红光作用下西花蓟马对组合光不同光照强度属性的趋近结果如图 63 所示。

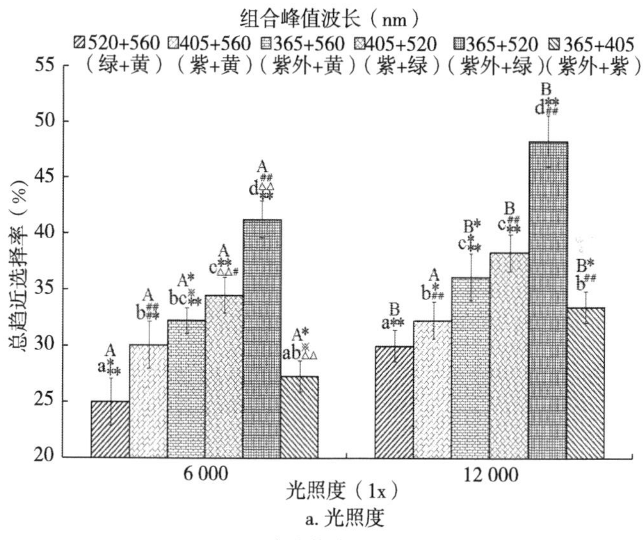

a. 光照度

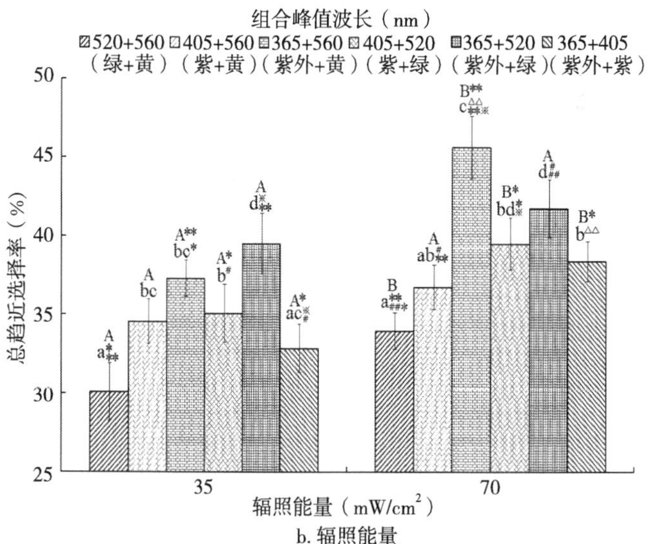

b. 辐照能量

图 63　西花蓟马对组合光不同光照强度属性的趋近结果

光照强度属性相同，不同组合光显著影响西花蓟马的总趋近敏感性，并与组合波谱光质有关（图 63：$p<0.001$，$F_{6\ 000lx}=36.90$、$F_{70mW/cm^2}=15.162$、$F_{12\ 000lx}=59.386$；$p<0.01$，$F_{35mW/cm^2}=8.376$）。光照度下紫外＋绿光，辐照能量下紫外＋黄光的推拉性趋近效果最优，且光照强度增强，不同组合光的推拉性趋近效果均增强，光照度下紫＋黄光增强效果不显著，辐照能量下紫外＋绿光的增强效果不显著。光照强度属性不同，紫外＋绿光中，6 000lx 与 35mW/cm^{2}相比，前者的作用效果较优，但二者差异不显著，12 000lx与 70mW/cm^{2}相比，前者的作用效果显著优于后者（$p<0.01$），其余组合光，辐照能量下较优但差异性不同。因此，光照强度属性影响组合波谱光质的推拉性趋近效果。光照度下，12 000lx、6 000lx 时，紫外＋绿光的推拉性趋近效果分别为 48.33%、41.30%，6 000lx 时，绿＋黄光的推拉性趋近效果最差。辐照能量下，70mW/cm^{2}时，紫外＋黄、紫外＋绿光的推拉性趋近效果分别最优（45.65%）、次优（41.75%），且 6 000lx、35mW/cm^{2}时，绿＋黄光的推拉性趋近效果均最差。

4.3.3 讨论

研究表明，蓟马类害虫对黄、绿、紫、紫外及其组合光具有较强的视敏选择性，红光驱使蓟马选择视敏性光照，但受光强度的影响[66-68]，且影响程度不明确，制约其在实践中的应用。本研究表明，黄、绿、紫、紫外单光可增强西花蓟马的视敏响应，而光照强度属性影响单光光质对西花蓟马视响应效果的推拉增效性，其导致光照度下紫外光的推拉增效性较强，且光照度增强抑制其增效性，辐照能量下黄光的推拉增效性较强，且辐照能量强化其增效性，该结果与光照强度对蓟马视敏性的影响大小与波长因素有关相符[69,70]。光照强度属性不影响单光光质对西花蓟马趋近效果的推拉增效性，且绿光的推拉增效性较强，并当光照强度增强时，增效性加强，暗示了西花蓟马目标检测选择时的强度和波长依赖机制。组合光中，西花蓟马趋近选择两异质波谱敏感差异性的作用效果与波谱光质有关，70mW/cm^{2}时，紫外+紫、绿+黄光强化性作用效果分别最强、次强，而 35mW/cm^2、70mW/cm^2 时，紫外 + 绿、紫外+黄光抑制性效果分别最强、次强，该结果可能源于蓟马类害虫的波长检测对立机制[71,72]，因而，红光强化西花蓟马对相邻波长光的区分，抑制对短波长和长波长光的区分。进一步测定光源的光照度可知，70mW/cm^{2}时紫光是紫外光的 2 倍，黄光分别是绿、紫外光的 1.25 倍、5 倍，35mW/cm^{2}时绿光是紫外光的 10 倍，则两异质波谱的光照度影响红光的作用效果。

红光和组合光推拉增效西花蓟马对组合光的视响应及趋近效果，但两异质波谱的特异光照强度属性的影响，导致光照度增强抑制红光和组合光对西花蓟马视响应效果的推拉增效性，且 6 000lx 时紫+绿光的增效性较强，而辐照能量强化红光和组合光的推拉增效性，且 70mW/cm^{2}时，紫+绿光的增效性较强，并优于 6 000lx 时紫+绿光的增效性。光照强度属性弱化红光和组合光对西花蓟马趋近效果的推拉增效性，且弱化效果与组合波谱光质有关，导致辐照能量下 35mW/cm^{2}时紫+黄光的增效性较强，并优于光照度下 6 000lx时紫外+紫光的增效性。这些结果表明，红光作用下，紫外程度、波谱敏感性及光照强度属性可导致西花蓟马产生显性变异行为，增强紫外光+黄、紫外+绿组合光对西花蓟马的吸引力。相对于单光：光照度相同时，紫外+黄光弱化红光对视响应效果的增效性，其余组合光相对于黄、绿、紫光，均强化红光的增效性，但不显著，且光照度增强，未改变红光在组合光中的作用效果；35mW/cm^{2}辐照能量下，组合光均抑制红光对西花蓟马视响应效果的增效性，而辐照能量增强，相对于紫外光，组合光增强红光的增效性，相对于黄、绿光，显著抑制红光的增效性。这些结果暗示了不同波长光同时被感知时组合光将会降低西花蓟马的视敏性[73-75]。同时，光照强度增强，红光和组合光对西花蓟马趋近效果的推拉增效性相对于黄、绿光显著降低，进一步表明，红光和组合光推拉调控西花蓟马对组合光的视响应及趋近敏感性的增效效果与波谱光质的异质性光照强度属性有关，且绿黄偏好性特定行为决定红光的增效性，而紫外光线行为模式的强度依赖性制约红光在组合光中的增效性。

红光和单光、红光和组合光的推拉增效性，未能体现推拉性视响应及趋近效果。红光和单光中，光照强度增强其推拉效果，波谱光质决定其推拉效果，导致紫外光的推拉性视响应和趋近效果最优，而光照强度和波长特性的特异调控效应[76]，导致紫光的推拉性视响应效果次优，绿光最差。相应表明，波长特定行为和强度强化特征的相互作用改变西花蓟马的行为动作光谱。红光和组合光中，光照强度强化其推拉效果，且光照度下，组合波谱的辐照能量强度决定推拉性视响应效果，导致紫外＋紫光的推拉性效果最强、紫外＋绿光次之，而辐照能量下，长短波谱的调控性和光照亮度的耦合效应决定推拉性视响应效果，导致紫外＋黄光的推拉性效果最强、紫外＋绿光次之，紫外＋绿、紫外＋黄光的组合相对于相同强度的绿＋黄光推拉性效果均增强，而绿＋黄光组合相对于黄光在光照强度增强时降低推拉性效果，该结果和西花蓟马对立敏感性检测机制、紫外与绿光的结合不增加西花蓟马吸引力的结果不相符[77,78]，其可能源于红光对西花蓟马的作用效应。

红光和组合光中，光照强度增强，推拉性趋近效果增强，且光照度、辐照能量下，在 12 000lx、70mW/cm^{2}时，推拉性趋近效果分别最优的紫外＋绿、紫外＋黄光相对于紫外光，次优的紫＋绿、紫外＋绿光相对于绿光，推拉性趋近效果变化不显著，而绿＋黄光、紫外＋紫光分别最差、次差，其分别相对于黄光、红光和紫光，变化不显著或呈现抑制性。表明红光和组合光的推拉性趋近效果受西花蓟马对立敏感性检测机制的影响，源于不同灵敏度光感受器在运动输出中驱动彼此独立的行为而产生的抑制性[79,80]，且组合光中紫外光增强未有效改变趋近效果，因此，利用红光和组合光的推拉效应增强西花蓟马的趋近敏感性具有局限性。红光和组合光中，光照度下，红光导致黄光强化西花蓟马对敏感波谱的检测选择性，且光照度增强，黄光强化西花蓟马对紫外、绿光的检测选择性；辐照能量下，光照度影响西花蓟马的检测选择性，红光导致紫光强化西花蓟马对紫外光的检测选择敏感性，黄光强化西花蓟马对绿光的检测选择敏感性，且强度增强，增效进一步加强。

4.4 蓟马类害虫趋光推拉调控杀灭收集装置的开发

为进一步创新应用光物理诱导杀虫技术，在蓟马类害虫生物趋忌敏感性因素可控及其趋光敏感特性和生物趋向行为强化因素可调的基础上，依据蓟马类害虫的趋光敏感光照特性和生物致变性诱导调控强化因素，采取有效措施，解决蓟马类害虫的趋光诱集问题。

依据上述研究结果，针对红光对蓟马类害虫的视敏性波谱光照响应的调控特性、色觉敏感光谱选择机制及热致性趋热聚集效应，以及红和黄光对益虫（如草蛉等）的驱逐作用，利用紫外(365nm)-红（650nm)-黄（560nm)、紫外-红-绿（520nm)、紫外-红-紫作为试验光源的发光光谱，并利用紫外-红-紫外、紫外-红-黄、紫外-红-紫、绿-红-绿作为对照光源的发光光谱，且设置两光源中红光与其他光谱的相反刺激时序及旋转交替性刺激时长，编程实现紫外、紫、红光的频闪模式及绿光交变发光模式，以弥补紫外及紫光刺激强度的不足，强化红光的忌推效应及绿光的诱拉效应，在此基础上，两光源采用热扩散措施，获得光热耦合性诱集上灯效应，并分别采用光热致变性静电电晕击杀及风吸、热雾脉冲及色板粘捕措施，实施上灯蓟马类害虫的杀灭收集。两种装置对照性布置及交错旋转调控杀灭，可有效实现蓟马类害虫的光热推拉诱集杀灭的绿色防控，满足大棚、田间不同类型作物上蓟马类害虫的专一性防控。研发的两种装置分别如图 64、图 65 所示。

光热推拉诱集静电击杀收集装置主要由光源旋转系统（1)、支撑系统（2)、高压静电电晕放电系统（3)、电加热热施系统（4)、光源系统（5)、收集装置（6）和负压风吸封闭系统（7）等组成。光热推拉诱集热击杀收集装置主要由光源旋转机构（1)、支撑机构(2)、脉冲热雾高压喷施机构（3)、光源机构（4)、白色粘虫板机构（5）和收集箱体（6）等组成。两装置间隔 35～40m 布置，红光和不同异质波谱旋转交错调控刺激和热施措施的实施模式，形成光推拉热强化性蓟马类害虫的诱捕杀灭措施。

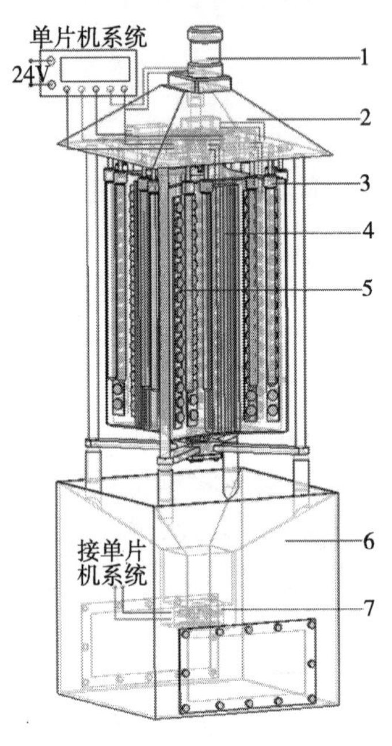

图 64　光热推拉诱集静电击杀收集装置

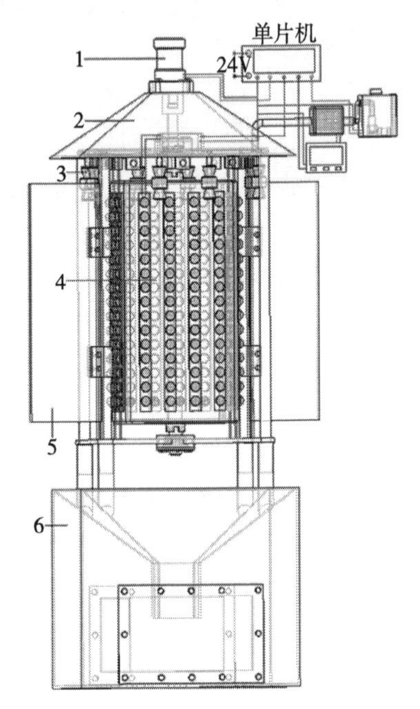

图 65　光热推拉诱集热击杀收集装置

4.4.1　技术原理

光热推拉诱集静电击杀收集装置和光热推拉诱集热击杀收集装置均由 24V/120Ah 蓄电池供电，光源系统分别如图 66 和图 67 布置。多点布置形成大规模作业范围，并由单片机系统编程实现光热推拉诱集杀灭模式的实施，其功率为 50～100W。

光热推拉诱集静电击杀收集装置和光热推拉诱集热击杀收集装置通过编程实现紫外、紫、红光的 30ms 间隔的频闪发光模式以及绿光在 640ms 周期内 5 个亮度的交变发光模式，以此强化和调控蓟马类害虫的趋忌视敏性。由编程实现红光与其他不同波谱发光时

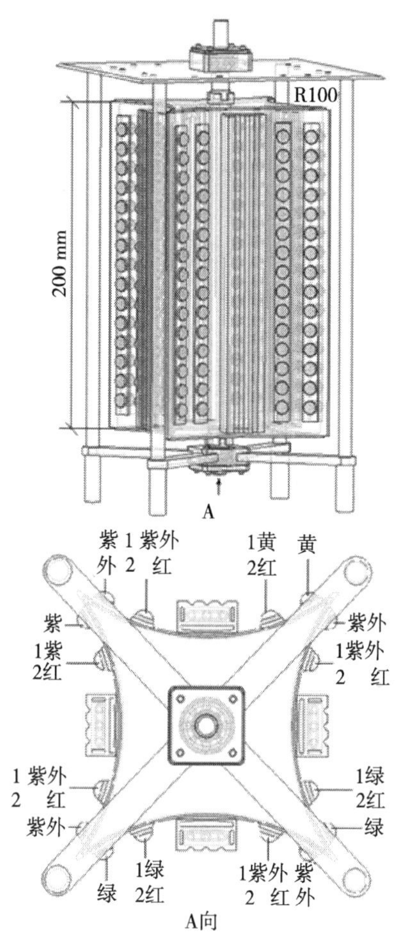

图 66　光热推拉诱集静电击杀收集装置光源系统

序相反的 30min 光照时长，以及光热推拉诱集静电击杀收集装置中仅开启红光时光热推拉诱集热击杀收集装置中开启红光以外的其他波谱光、光热推拉诱集静电击杀收集装置中红光关闭并开启其他波谱光时光热推拉诱集热击杀收集装置中开启红光并关闭其他波谱光的交替刺激耦合模式，形成红光与单光及组合光的推拉性视响应及趋近上灯强化性刺激模式。

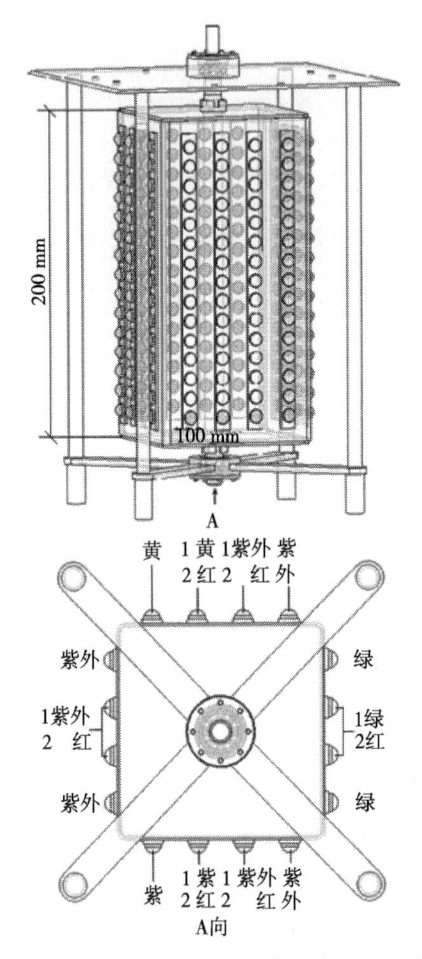

图 67　光热推拉诱集热击杀收集装置光源系统

同时，两光源系统发光 30min 后，单片机系统控制光源旋转系统以每 30min 转 90°的旋转速度实现上述发光时序的光照推拉柔性刺激，以避免光照变化的影响，并转至 90°预定位置实施红光与波谱变化光质的推拉诱捕措施，以此正反转循环往复，形成耦合交替性动态调控性光推拉诱集上灯强化措施。光源光照强度由大功率 LED（3W/颗）阵列设定。

在此基础上，光热推拉诱集静电击杀收集装置，利用内凹弧状灯体对光照度及光致性热强度的汇集强化效应，在发光体前端的内凹弧状灯体内形成光热突变性强度场，发挥上灯害虫的光热突变激发性落虫功效，且利用高压静电电晕放电系统的电晕丝静电棒产生的电晕场，发挥上灯害虫的高压静电电晕击杀功效，并利用收集装置的落虫漏斗承接下落虫体，以及利用负压风吸封闭系统形成的负压风场，强化虫体的收集。光热耦合诱导效应、异质波谱光照交替性推拉效应、益虫忌避波谱光照时长调控，形成蓟马类害虫光热推拉调控性柔性诱导效果，且光热强度致变性触落、静电电晕击杀及负压风吸的多重收集功效，满足不同场地及不同类型作物的作业要求。光热推拉诱集热击杀收集装置，利用热雾产生的热量扩散效应及蓟马类害虫热致性趋热特性，结合光色辐照耦合特性，利用热雾高压气体的脉冲喷施扩散效应，发挥光热致变性上灯蓟马类害虫的杀灭落虫收集功效，且利用粘虫板粘虫功能，发挥光色热耦合作用下不同上灯特性及色觉敏感选择型蓟马类害虫的粘捕功效，且光、色、热的互补效应可有效操控蓟马类害虫的趋性活动及强化蓟马类害虫的趋性强度，实现蓟马类害虫的光、色、热诱导调控杀灭型绿色物理防治。光热推拉诱集静电击杀收集装置和光热推拉诱集热击杀收集装置的配合使用，有效实施了蓟马类害虫光推拉热集性上灯强化措施，弥补了单一捕杀措施的不足。

4.4.2 功能配置及光照实施途径

4.4.2.1 装置的结构配置

光热推拉诱集静电击杀收集装置：光源旋转系统的直流电机置于支撑系统的防护罩顶端，电机输出端通过联轴器与旋转轴固定连接；旋转轴由轴承装置支撑，轴承装置固定于支撑系统内的支架上，由锁紧螺母连接防护板；防护板之间固定弧形光源系统，并内置电加热装置；支撑系统包括防护罩和防护罩支撑板，防护罩支撑板固定于防护罩的底部，支撑板底部四角固定有连杆，连杆插接固定在箱体上的支杆上；高压静电放电系统包括高压静电发生器和电晕丝静电棒，高压静电发生器置于防护罩的支撑板上，由单片机系统实现电晕放电模式的实施，电晕丝悬吊于防护罩的支撑板下方，布置于光源弧状灯体前方；电加热热施系统的升压电源固定于防护罩的支撑板上并与电加热装置电源连接；电加热装置固定于弧形灯板正中位置，经隔热材料与灯板热绝缘，经热传导材料扩散热，并由升压电源经单片机系统控制热量强度及热扩散模式；光源系统置于防护罩的支撑板下方，经其上、下防护板由上、下锁紧螺母固定连接于旋转轴上，发光模式由单片机系统的支撑板上方的稳压电源实现；收集装置内部上方设置45°超滑落虫漏斗，漏斗上方设置支杆连接支撑机构，其下设置落虫口，箱体由箱板封闭形成收集空间，一对侧箱壁下侧设置取虫口并由封板封闭；负压风吸封闭系统置于落虫口下端，由单片机系统控制发挥下落害虫的负压风吸及风叶旋转封闭功能。

光热推拉诱集热击杀收集装置中光源旋转机构的电机置于支撑机构的防护罩顶端；电机输出端通过联轴器与旋转轴固定连接；旋转轴由轴承装置支撑，轴承装置固定于支撑机构上，由锁紧螺母连接光源机构的防护板，防护板之间固定带有透明玻璃罩的光源；支撑机构包括防护罩和防护罩封板，封板固定于防护罩的底部，且封板底部四角固定有连杆，连杆插接固定在箱体上的支杆上；脉冲热雾高压喷施机构的塑制管道位于防护罩封板上方并与高压热雾喷头连接固定，高压热雾喷头悬吊于封板下侧并等间距置于透明玻璃罩外侧四周，其塑制管道过防护罩并经电加热器与超声波脉冲雾化器相连，电加热器由升压电源经单片机系统控制加热塑制管道内的雾汽，超声波脉冲雾化器由单片机系统控制；光源机构置于防护罩下方，经其防护板由锁紧螺母固定连接于旋转轴上，并置于透明玻璃罩内，透明玻璃罩由悬吊装置悬挂于防护罩封板下方；白色粘虫板机构的白色粘板由装夹装置固定于连杆上；收集箱体内部上方设置45°超滑落虫漏斗，漏斗上方设置支杆连接支撑机构，其下设置落虫口，箱体由箱板封闭形成收集空间，而侧箱壁下侧设置取虫口并由封板封闭。

4.4.2.2 装置的配置实施途径

光热推拉诱集静电击杀收集装置和光热推拉诱集热击杀收集装置中，光源旋转系统的24V直流电机由单片机系统控制实现初始

30min 止动后，以每 30min 转 90°的转速分别转至 90°、180°、270°、360°，转至 360°停止 30min，进行 0～360°的循环往复式正反转动，旋转轴带动光源发光体实现 30min 静止式光照时长及每 30min 转 90°的动态光照。

光热推拉诱集静电击杀收集装置中，光源系统包括四面内凹弧状灯体和 LED 发光体；内凹弧状灯体由 4 个内凹长弧状铝板拼焊制成中空状并在表面安置镀银的反光镜面，由防护板经锁紧螺母固定于旋转轴上，且 4 个内凹长弧状铝板的正中位置固定长方体状电加热装置，实施光热强度汇聚功能；LED 发光体由峰值波长不同的大功率贴片式 LED（3W/颗）等距焊接在长条状铝基板上，并用对称电加热装置等距固定于弧状灯体的内凹面上制成，每个内凹面上固定 4 条长条状 LED 发光体，其峰值波长配比如图 66 所示。

光热推拉诱集热击杀收集装置中，光源结构由长方体状灯板和长方形 LED 发光体组成：长方体状灯板呈中空状，由上、下防护板固定于旋转轴上，而 LED 发光体由大功率贴片式 LED（3W/颗）等距焊接在长条状铝基板上并等距固定于长方体状灯板上制成，并在每面等距固定 4 条长条状 LED，发光体的发光光谱配比如图 67 所示，且光源结构外围设置固定的透明玻璃罩，置于高压热雾喷头内侧，进而由发光体发光生热效应和热雾扩散效应发挥光热耦合诱集功能。

光热推拉诱集静电击杀收集装置和光热推拉诱集热击杀收集装置的发光体均由稳压电源供电，单片机系统控制红光与其他波谱的 30min 相反发光时序，编程控制对应波谱的频闪和交变发光，且两发光体对照布置，两者红光及其他波谱实现相反时序发光功能，实施蓟马类害虫视敏强化上灯光热推拉诱集功能及其他害虫和益虫调避功能，并由光源旋转机构实现 30min 静态和正反转 30min 动态交替刺激功能。

光热推拉诱集静电击杀收集装置的电加热热施系统的升压电源和电加热装置由单片机系统控制实施电热丝加热至 85℃及热量散播传导功能，并实现红光发光时关闭而其他波谱发光时开启的热施交替刺激模式，实施光致性蓟马类害虫趋热聚集强化、热致性趋光生物调控及光热耦合互致操控性诱导上灯强化效果，获得光照强度突变激发性落虫和上灯害虫热触击杀功效。进一步，高压静电电晕放电系统由单片机系统控制高压静电发生器经电晕丝静电棒实现电晕放电击杀上灯害虫的功能，并在发红光时实现高压静电发生器的关闭，避免益虫的误杀。光热推拉诱集热击杀收集装置的脉冲热雾高压喷施机构的超声波脉冲雾化器和电加热器由单片机系统控制实现雾汽加热及经塑制管道压力实现加热雾汽输送功能，经高压热雾喷头进一步加压实施雾汽喷施击杀上灯蓟马类害虫的杀灭功效。进一步，白色粘虫板机构由 2mm 厚白板双面涂黏胶制成，共 2 块白色粘虫板，由装夹装置对称固定连接于连杆上，实现色板反光色谱对蓟马类害虫的诱导粘捕功能。

4.4.3 应用的协同操控配置途径

光热推拉诱集静电击杀收集装置和光热推拉诱集热击杀收集装置的配对布置使用，形成蓟马类害虫视敏强化性推拉响应及上灯诱集效果，且静止光照时长和旋转光照时长的交替刺激，获得动静结合的柔性调控诱导效果，而红和黄光对蛾类害虫的趋驱及对益虫的驱逐刺激模式的实施，有效规避益虫受害，并获得蛾类害虫的生物习性抑制和诱杀效果。热施措施的实施，获得光诱热集、热致趋光和光致趋热性光热互致诱导上灯强化功效，且光热强度突变触击效应发挥上灯蓟马类害虫的触落功能。同时，光热推拉诱集静电击杀收集装置中，高压静电电晕放电系统的电晕丝静电棒产生的电晕场，实施上灯害虫的高压静电电晕击杀功效，且收集装置落虫漏斗下方的负压风吸封闭系统形成的负压风场，强化落虫的收集。

光热推拉诱集热击杀收集装置，利用热雾高压气体的脉冲喷施扩散效应，实施光热致变性上灯蓟马类害虫的杀灭落虫收集功效，并利用色板粘虫功能，实施光色热耦合作用下不同上灯特性及色觉敏感选择型蓟马类害虫的粘捕功效，且光、色、热的互补效应可有效操控蓟马类害虫的趋性活动行为及强化蓟马类害虫的趋性强度。

两装置配对使用满足大棚、田间不同类型作物上蓟马类害虫的专一性防控，既可进行定点的蓟马类害虫的杀灭及其他种类害虫的调控抑制，也可置于移动车辆上实现智能远程遥控移动诱集杀灭蓟马类害虫和其他害虫。

4.5 蓟马类害虫趋光推拉诱集杀灭技术运行规范

制定本规范旨在规范蓟马类害虫光推拉诱集杀灭装置的使用，提升机具在田间及棚内的工作质量，力求达到提高杀虫效率的目的。本规范适用于蓟马类害虫诱集杀灭机具布置、田间及棚内运行、操作安全以及储存与维护的要求。

4.5.1 技术原理

技术原理详见 4.4.1

4.5.2 技术指标

① 功率：200～400W。

② 高压静电放电电压：2 000～3000V。

③热施温度：85℃。

④有效杀虫面积：每组装置（1 台光热推拉诱集静电击杀收集装置＋1 台光热推拉诱集热击杀收集装置）100～150 亩。

⑤LED 发光体寿命可达 50 000h 以上，超过 50 000h，需更换灯管。

⑥装置自带光控模块，每天 19：30 自动开灯工作，次日清晨的 5：30 自动关闭，每晚连续开灯 10h，也可根据实际需要进行 24h 连续工作。

⑦蓄电池充满电可满足杀虫灯连续工作 2d。

⑧两装置间隔 35～40 m 布置。

4.5.3 注意事项

①接通电源后切勿用手触摸发光体周围。

②每天清理杀虫收集装置和发光体周围的污垢。在清理时一定要断开电源，光热推拉诱集静电击杀收集装置中顺玻璃罩、电加热板及静电棒从上至下清刷，并清理滑板及风叶上的虫体，光热推拉诱集热击杀收集装置中每隔3～5d更换1次白色粘虫板，检查热雾喷头。光热推拉诱集静电击杀收集装置和光热推拉诱集热击杀收集装置每隔1周清理1次箱体内的虫体。

③定时检查光热推拉诱集静电击杀收集装置中高压静电棒及电加热装置的应用情况，检测光热推拉诱集热击杀收集装置中水箱中水源是否充足并实时供水，并检测装置中电机，以免影响杀虫效果。

④每隔一段时间通电检测是否正常工作，其中在检测高压静电放电时，接通电源后将一片树叶接触静电棒，若有“吡吡”声且树叶被烧坏，说明工作正常；在检测光控模块时接通电源后，用手掌捂住光控探头，灯管发光，松手后，灯管熄灭，表明光控模块正常；雨控模块在检测时，接通电源后，先将光控模块的探头用不透明的胶带捂住，灯管发光，然后将水滴撒到雨控探头上，灯管熄灭，则说明雨控模块正常工作。

⑤雷雨天气不建议开启装置工作，避免灯具发生短路状况而损坏。

4.5.4 使用范围

蓟马类害虫趋光推拉诱集杀灭系统可广泛用于农业、林业、菜园、果园等，诱杀鳞翅目、鞘翅目、半翅目农业害虫等，也可用于田间及棚内实施蓟马类害虫的专一诱杀。

4.5.5 经济效益

推拉诱集杀灭系统的应用能大幅减少农药的使用量，减少果蔬食品农药残留量，提高农产品的质量，是促进无公害、绿色、有机食品农产品生产的必备产品。有灯区产量同无灯区相比，有灯区因能够有效诱杀蛾类及蓟马类害虫，且能降低不同种属害虫落卵量，形成蛾类害虫隔离带，抑制蛾类害虫生命活动，避免误杀益虫，带来可观的生态效益、经济效益和社会效益。

5 结论与展望

5.1 结论

5.1.1 对比确定了西花蓟马特异敏感性波谱光照物理特征

西花蓟马与东亚飞蝗视敏波谱光照特征的对比表明，东亚飞蝗强度视觉容限性波谱光照强度视敏阈值，以及光照诱发东亚飞蝗强度视觉诱导状态的时长刺激阈值，致使增强光刺激强度强化东亚飞蝗光生物活动强度效应，而增强东亚飞蝗趋光效果具有局限性。对于西花蓟马，在一定范围内增强光照强度（6 000lx→12 000lx；60mW/cm^2→120mW/cm^2），强化西花蓟马对紫外 vs. 绿光的趋近及视响应敏感性，但光照强度增至一定强度（12 000lx→14000 lx；120mW/cm^2→140mW/cm^2），其抑制西花蓟马的趋近及视响应敏感性（降低5.5%左右）。因而，蝗虫与蓟马类害虫的强度视觉具有类似的光照强度调控激发敏感时效性，其为蓟马类害虫光生物活动行为的光作用调控机制的确定提供了有益参考。

东亚飞蝗视觉容限内波谱光照刺激下，光照强度削弱东亚飞蝗视觉波谱敏感程度差异，橙光诱发的趋光敏感时长较长，紫光激发的光活动强度较强，紫、绿光引起的视趋敏感性较强，黄光驱使东亚飞蝗对视敏波谱光照的选择敏感性较强，对红光的忌避性较强。西花蓟马对红、橙、白光的视敏性较差，对紫、黄、紫外光的视敏性较强，并对绿光表现为特异偏好性，且对紫外光的趋光效应最强。因而，绿光、红光分别是东亚飞蝗与西花蓟马二者共性的视敏、视忌光谱光，而光致性视生理生化转化效应导致东亚飞蝗、西花蓟马分别对紫、紫外光趋近敏感性最强，东亚飞蝗对橙光而西花蓟马对黄光的趋光效果较优。

同时，橙光照射后，橙光照射时长的光致性强度视觉效应，改变东亚飞蝗对紫、绿、蓝光的视敏强度，且其强化紫光而调控绿光视敏性的作用较强，而光照度增强，其导致西花蓟马视敏选择性光谱由蓝、紫外、绿光变为紫外、紫和黄光。光照强度属性（光照度、光能）影响西花蓟马对光谱光的异质视敏性，且黄、绿光强化西花蓟马对紫外、紫光的视趋敏感性，而光照度、光能增强，白光致使西花蓟马分别对 380～390nm、360～370nm 光的视响应效应最优。由此可知，光刺激属性及模式的变化，可有效调控蝗虫与蓟马类害虫的趋光生物敏感性，增强趋光诱导效果，且长短波谱光照刺激属性及刺激时长的有效耦合，可激发蓟马类害虫的特异视敏性并强化趋光效果。

5.1.2 确定了异质波谱对西花蓟马趋光习性的影响及田间示范应用

西花蓟马对单光、组合光的视响应敏感性与波谱光照属性的光致能量强度有关，而其视趋敏感性与波谱光致性光电热效应有关，且异质波谱光照属性（光照度、光能）的特异刺激强度，导致光照布置方式影响西花蓟马的光生物响应活动强度，并导致西花蓟马视响应及视趋敏感性波谱光照特性发生变化。光照度下，光照度增至 14 000lx 时，西花蓟马对 405nm 与 365nm 组合光的视响应敏感性较强（72.37%），对 365nm 与 520nm 光的视趋敏感性较强（47.87%）；12 000lx时西花蓟马分别对 365nm vs. 405nm 对照光的视响应敏感性、405nm vs. 520nm 对照光的视趋敏感性最强（83.27%、53.18%）；6 000lx时，白光致使西花蓟马对 385nm 光的视响应及视趋敏感性最强（69.78%、51.21%）。光能下，35mW/cm^2 时西花蓟马对 365nm 与 520nm 光的视响应敏感性最强（71.81%）；140mW/cm^2 时西花蓟马对 365nm 光的视趋敏感性最强（50.10%）；120mW/cm^2 时西花蓟马对 365nm vs. 560nm 对照光的视响应敏感性最强（82.15%），对 365nm vs. 520nm 对照光的视趋敏感性最强（47.74%）；60mW/cm^2 时白光致使西花蓟马对 365nm 光的视响应及视趋敏感性最强（65.68%、43.98%）。因而，蓟马类害虫的趋光效应呈现光生物活动强度光致阈值性光照属性调控容限，其制约增强光照强度时蓟马类害虫强度视觉的视敏效应的提高，并导致不同光照模式中蓟马类害虫视响应与视趋敏感性波谱光照特性发生变化且呈现差异调控效应。

西花蓟马对黄绿对照光、组合光、单光的视响应特性测定进一步验证了光照方式及其强度影响西花蓟马的视响应及视趋效果的正确性。利用研制的光源在棚内诱集西花蓟马的示范应用表明，光源对棚内西花蓟马的诱集效果与温度呈正相关，绿光源的诱集效果（791.33 头/夜）显著优于黄光源（456.67 头/夜），野外诱集验证表明，夜间 7：30—12：00，黄光源的诱集效果较好，而 0：00～5：00，绿光源的诱集效果较好，其对黄、绿光源应用于蓟马类害虫防控的应用实践及布置策略调整具有实际借鉴意义。

利用研制的黄绿及其配比不同光源的在棚内诱集西花蓟马的示范应用及相关数据分析进一步表明，光源光照对西花蓟马的诱集效果均与夜间温度呈正相关，并在夜间棚内平均温度为 27℃（19：00—21：30）时诱集效果最优，且光热耦合效应可调控西花蓟马的诱集效果。而且，夜间光照增强西花蓟马在白天对白色色谱的响应敏感活性，且黄光的强化效果最强（1563.00 头/白天），而绿∶黄＝4∶1 光源的夜间诱集效果最优（1 088.00 头/夜），且绿∶黄＝4∶1 光照在全天的诱集效果最优（2019.67 头/全天）。分析表明，波谱光电热效应是西花蓟马产生视趋上灯的主要原因，而波谱光质属性的光电生热转换效应差异，影响西花蓟马的上灯敏感性，但夜间温度降低，影响光热电效应对西花蓟马诱集的作用效果，而夜间光照的光热电效应强化西花蓟马在白天的生物活性。

5.1.3　确定了东亚飞蝗及西花蓟马昼行害虫光致趋避性灯光推拉防控的应用配置途径

东亚飞蝗趋偏响应效应与偏振波谱、偏振光态的异质作用效应有关，且线偏紫波谱 120°左右矢量置向对东亚飞蝗的诱导效果最强，而紫波谱部分偏光左 60°及右 150°矢量置向对东亚飞蝗视趋强度的作用效果最强；部分偏光矢量置向模式的作用效果与波谱光致性视敏偏振效应有关，且蓝波谱中偏振度越高光照度越低，矢量模式的操控诱导性越强，紫波谱中偏振度越低而光照度越强，矢量模式对东亚飞蝗趋偏聚集程度的作用效果越强。因而，依据不同偏振光态对东亚飞蝗矢量敏感响应模式的重置性，利用线偏与部分偏光不同矢量光照交替刺激模式，可提高东亚飞蝗的趋偏诱导效果。

在此基础上，进行了东亚飞蝗异质光质诱导杀灭收集装置的研发及应用配置。装置包括支撑系统、电子束辐照杀灭系统、光源发光系统、光源旋转系统、箱体、行走系统、负压气吸收集系统和电子束辐射杀灭系统等。装置满足 100 亩范围内东亚飞蝗诱集杀灭要求，最佳功率为 800W，并通过行走移动式电子束辐射杀灭及气吸等措施的实施，有效扩展东亚飞蝗的杀灭范围。依据装置整体运行功率 1 000W，以及平均工作时间约为 8h 且连续使用 2d 的要求，采用 12V/240Ah 铅酸蓄电池达到自供电目的。

西花蓟马视响应效应的光推拉调控效果结果表明，对照性红光增效西花蓟马对单光、组合光的视响应及趋近敏感性。光照强度属性影响红光和单光对视响应敏感性的推拉增效性而不影响趋近敏感性的推拉增效性，且红和绿光对趋近敏感性的推拉增效性最强，而辐照能量下红和黄、红和绿光对视响应的推拉增效性分别最强、次强，并均显著优于红光和组合光，源自绿-黄偏好性波长特定行为和紫外行为强度依赖性的相互作用，影响红光和组合光的推拉增效性，并与两异质波谱的特异光照强度属性有关，且光照亮度影响西花蓟马的近距对比选择性。光照强度增强，强化红光和单光、红光和组合光的推拉性视响应及趋近效果，红光和单光的推拉效果与单波谱光质的调控效应有关，红光和组合光的推拉效果与组合波谱光质光照强度属性的调控效应有关，而相对于红光和紫外光(红光和单光中推拉效果最优)，利用红光和组合光的推拉效应增强西花蓟马的趋近效果具有局限性。红光作用下，紫光强化西花蓟马对紫外光、黄光强化西花蓟马对绿光的检测选择敏感性。

在此基础上，研发了蓟马类害虫趋光推拉调控杀灭收集装置，由 2 个不同的装置配合使用，间隔 35m 布置形成推拉诱导途径。两装置配合使用形成的光热推拉性多重诱集上灯效应，以及多重杀灭措施的实施，满足蓟马类害虫的专一性防控，同时，黄、红光与其他波谱光的配合实施使用，有效规避益虫被误杀以及对蛾类害虫的抑制及诱集杀灭效果的影响。两装置满足 100 亩范围内蓟马类害虫诱集杀灭要求，最佳功率为 300W，既可定点杀灭蓟马类害虫及蛾类害虫，也可移动诱集杀灭蓟马类害虫和其他害虫。依据装置整体运行 400W 功率的要求，以及平均工作时间约为 10h 且连续使用 2d 的要求，采用 24V/120Ah 铅酸蓄电池达到自供电目的。

制定了农田及棚内作业环境下蓟马类害虫推拉诱导杀灭防控的技术运行规范。依据本文技术规范，可进行灯具布置及蓟马类害虫的诱杀收集。

5.2 展望

本研究利用研制的黄、绿单光源及其配比不同光源，进行了田间及棚内蓟马类害虫的光质诱导杀灭示范应用，并针对蝗虫和蓟马昼行害虫的视敏差异性，研发了蝗虫异质光质诱导杀灭收集装置，以及蓟马类害虫趋光推拉调控杀灭收集装置，且规范了应用配置途径，但蝗虫和蓟马昼行害虫光热推拉调控技术的大规模应用，需大量人力、财力、物力的投入，建议加快推广应用。

本研究发现热致因素是蝗虫和蓟马昼行害虫趋光上灯的因素之一，并从光热行为以及生物趋忌性视敏效应研究角度获得了光热推拉措施的实施参数，但农业害虫光致性趋热及热致性趋光的生理机制不明确，需在进一步研究昼行害虫光热行为效应的基础上，研究蝗虫和蓟马类害虫的光热生理机制，为农业害虫光热行为机制的确定提供理论基础。

本研究发现光热互致效应重置了蓟马类害虫的夜间上灯行为特征，且光热推拉措施可有效规避益虫上灯，但光热效应对不同类害虫及益虫生物习性的特异调控机制不明确，需进一步研究害益虫的光热生物效应机制，完善光热推拉技术的原理及应用规范。

参　考　文　献

[1] 胡志成，赵进春，郝红梅．杀虫灯在我国害虫防治中的应用进展 [J]. 中国植保导刊，2008 (8)：11-13.

[2] Kim K N，Huang Q Y，Lei C L. Advances in insect phototaxis and application to pest management：A review. Pest. Manag [J]. Sci.，2019，7 (28)：118-126.

[3] Kirk W D J. The aggregation pheromones of thrips (Thysanoptera) and their potential for pest management [J]. Int. J. Trop. Insect Sci.，2017，37 (2)：41-49.

[4] Han Y，Tang L D，Wu J H. Researches advances on integrated pest management of thrips (Thysanoptera)[J]. Chin. Agric. Sci. Bull.，2015，31 (22)：163-174.

[5] 王海鸿，薛瑶，雷仲仁．恒温和波动温度下西花蓟马的实验种群生命表 [J]. 中国农业科学，2014，47 (1)：61-68.

[6] 桑 文，朱智慧，雷朝亮．昆虫趋光行为的光胁迫假说 [J]. 应用昆虫学报，2016，53 (5)：915-920.

[7] 武予清，蒋月丽．害虫的灯光防治研究与应用进展 [J]. 河南农业科学，2009，(9)：127-130.

[8] Shimoda M，Honda K I. Insect reactions to light and its applications to pest management [J]. Appl. Entomol. Zool，2013，48：13 - 21.

[9] 靖湘峰，雷朝亮．昆虫趋光性及其机理的研究进展 [J]. 昆虫知识，2004，41：198-205.

[10] 石旺鹏，谭树乾．蝗虫生物防治发展现状及趋势 [J]. 中国生物防治学报，2019，35 (3)：307-324.

[11] Han Y，Tang L D，Wu J H. Researches advances on integrated pest

management of thrips (Thysanoptera) [J]. Chin. Agric. Sci. Bull., 2015, 31 (22): 163-174.

[12] 魏国树，张青文．棉铃虫（Helicoverpa armigera）蛾复眼光反应特性研究 [J]. 昆虫学报，2000，45 (3)：323-328.

[13] Liu Y M, Yang J W, Fan C B, et al. Research on environmental factors regulating body temperature of oriental migratory locust *Locusta migratoria manilensis* [J]. Journal of Plant Protection, 2018, 45 (6): 1296-1301.

[14] Julia C, Agustín Y, Damian O. Characterization and modelling of looming-sensitive neurons in the crab Neohelice [J]. Journal of Comparative Physiology A, 2018, 204: 487-503.

[15] Marko I, Andrej M, Marko K, et al. The fly sensitizing pigment enhances UV spectral sensitivity while preventing polarization-induced artifacts. Front. Cell. Neurosci. [J], 2018, 12: 34-39.

[16] Dirk S, Rachel K, Dave C, et al. Low levels of artificial light at night strengthen top-down control in insect food web [J]. Current Biology, 2018; 28, 2474-2478.

[17] Tobias B, Homberg U. Interaction of compass sensing and object-motion detection in the locust central complex [J] . Neurophysiol., 2017, 118: 496-506.

[18] Liu Q H, Zhou Q. Physiological response of locusts to eye stimulation by spectral illumination for phototactic pest control [J]. Int J Agric & Biol Eng, 2016, 9 (2): 186-194.

[19] Barry C K, Jander R. Photo-inhibitory function of the dorsal ocelli in the phototactic reaction of the migratory locust [J]. Nature, 1968, 217 (5129): 675-677.

[20] Kleef J V, Berry R, Stange G. Directional selectivity in the simple eye of an insect [J]. Neuroscience, 2008, 28 (11): 2845-2855.

[21] French A S, Immonen E V, Frolov R V. Static and Dynamic Adaptation of Insect Photoreceptor Responses to Naturalistic Stimuli. Front [J]. Physiol. , 2016, 7: 477-486.

[22] Cao Y, Zhi J R, Li C, et al. Behavioral responses of *Frankliniella occidentalis* to floral volatiles combined with different background visual cues [J]. Arthropod Plant Interactions, 2018, 12: 31-39.

[23] Zhang AS, Yu Y, Zhuang Q Y, et al. Effect of spectral sensitivity and

intensity on the behavioral response of the Thrips palmi female adult [J]. Acta Ecologica Sinica, 2015, 35 (11): 3555-3561.

[24] Mika M, Takahiko H, Yumi Y, et al. In the presence of red light, cucumber and possibly other host plants lose their attractability to the melon thrips *Thrips palmi* (Thysanoptera: Thripidae) [J]. Applied Entomology and Zoology, 2018, 53: 117-128.

[25] Hori M, Shibuya K, Sato M, et al. Lethal efects of short wavelength visible light on insects [J]. Sci Rep, 2014, 4: 73-83.

[26] 肖长坤，郑建秋，师迎春，等．西花蓟马对不同颜色粘卡的嗜好及其诱虫效果 [J]. 植物检疫，2008，21 (3)：155-157.

[27] Abdul M D, Song J H, Seo H J, et al. Monitoring thrips species with yellow sticky traps in astringent persimmon orchards in Korea [J]. Applied Entomology and Zoology, 2018, 53: 75-84.

[28] Matteson N, Terry I, Ascoli C A, et al. Spectral efficiency of the western flower thrips, Frankliniella occidentalis [J]. Journal of Insect Physiology, 1992, 38 (6): 453-459.

[29] Otani Y, Wakakuwa M, Arikawa K. Relationship between Action Spectrum and Spectral Sensitivity of Compound Eyes Relating Phototactic Behavior of the Western Flower Trips, Frankliniella occidentalis [J]. Jpn. J. Appl. Entomol. Zool, 2014, 58: 177-185.

[30] Escobar-Bravo R, Ruijgrok J, Kim H K, et al. Light intensity-mediated induction of trichome-associated allelochemicals increases resistance against thrips in tomato [J]. Plant Cell Physiol., 2018, 59: 2462-75.

[31] Anna L S, David C O, Eric J W. Hawkmoth lamina monopolar cells act as dynamic spatial filters to optimize vision at different light levels [J]. Science Advances, 2020, 6: eaaz8645.

[32] Ogino T, Takuya U, Masahiko M, et al. Violet LED light enhances the recruitment of a thrip predator in open felds [J]. Scientific Reports, 2016, 6: 1-11.

[33] Joanna K H, Caragh G, Threlfall B L, et al. Responses of insectivorous bats and nocturnal insects to local changes in street light technology [J]. Austral Ecology, 2019, 44 (6): 1052-1064.

[34] Uehara T, Ogino T, Nakano A, et al. Violet light is the most effective wavelength for recruiting the predatory bug *Nesidiocoris tenuis* [J]. BioControl. 2019, 64 (2): 139-147.

[35] Escobar-Bravo R, Ruijgrok J, Kim H K, et al. Light intensity-mediated induction of trichome-associated allelochemicals increases resistance against thrips in tomato [J]. Plant Cell Physiol., 2018, 59: 2462-75.

[36] Zhu L, Wang Z H, Gong Y J, et al. Efficiency of UV-absorbing film in the management of pest insects and its effects on the growth and quality of eggplants [J]. Acta Entomologica Sinica, 2016, 59 (2): 227-238.

[37] Murata M, Hariyama T, Yamahama Y, et al. Effects of the range of light wavelengths on the phototactic behavior and biological traits in the melon thrips, Thrips palmi Karny (Thysanoptera: Thripidae) [J]. Ethol Ecol Evol., 2017, 59: 93-95.

[38] Mouden S, Sarmiento K F, Klinkhamer P G L, et al. Integrated pest management in western flower thrips: past, present and future [J]. Pest Manag. Sci., 2017, 73: 813-22.

[39] Wang L J, Zhou L J, Zhu Z H, et al. Differential temporal expression profiles of heat shock protein genes in Drosophila melanogaster (Diptera: Drosophilidae) under ultraviolet A radiation stress [J]. Environ Entomol, 2014, 43: 1427-1434.

[40] 范凡，任红敏，吕利华，等．光谱和光强度对西花蓟马雌虫趋光行为的影响 [J]. 生态学报，2012，32 (6)：1790-1795.

[41] Otani Y, Wakakuwa M, Arikawa K. Relationship between Action Spectrum and Spectral Sensitivity of Compound Eyes Relating Phototactic Behavior of the Western Flower Trips, *Frankliniella occidentalis* [J]. Jpn. J. Appl. Entomol. Zool., 2014, 58, 177-185.

[42] Yang J Y, Sung B K, Lee H S. Phototactic behavior 8: phototactic behavioral responses of western flower thrips, *Frankliniella occidentalis* Pergande (Thysanoptera: Thripidae), to light-emitting diodes [J]. Korean Soc Appl Biol Chem, 2015, 24 (2): 15-20.

[43] Kleef J V, Berry R, Stange G. Directional selectivity in the simple eye of an insect [J]. Neuroscience, 2008, 28 (11): 2845-2855.

[44] 李娜，范凡，韩慧，等．不同波长 LED 光源对韭菜迟眼蕈蚊生殖行为的影响 [J]. 昆虫学报，2016，59 (5)：546-551.

[45] Vorobyev M, Brandt R, Peitsch D, et al. Colour thresholds and receptor noise: behaviour and physiology compared [J]. Vision Research, 2001, 41: 639-653.

[46] Münch T A, Silveira R A D, Siegert S, et al. Approach sensitivity in the

retina processed by a multifunctional neural circuit [J]. Nature Neuroscience, 2009, 12 (10), 1308-1316.

[47] Liu Q H, Xin Z, Zhou Q. Visual reaction effects induced and stimulated by different lights on phototactic bio-behaviors in Locusta migratoria manilensis [J]. Int J Agric & Biol Eng, 2017, 10 (4): 173-181.

[48] Ariel F, Kyle J H. Light pollution may create demographic traps for nocturnal insects [J]. Basic and Applied Ecology, 2019, 34: 118-125.

[49] Rodriguez-Saona C R, Polavarapu S, Barry J D, et al. Color preference, seasonality, spatial distribution and species composition of thrips (Thysanoptera: Thripidae) in northern highbush blueberries [J]. Crop Prot, 2010, 29: 1331-1440.

[50] Thomas A M, Rava A S, Sandra S, et al. Approach sensitivity in the retina processed by a multifunctional neural circuit [J]. Nature, 2009, 12 (10): 1308-1316.

[51] Shuai H, XiaoY W, Zhong Q Y, et al. Effects of photoperiod and light intensity on wing dimorphism and development in the parasitoid Sclerodermus pupariae (Hymenoptera: Bethylidae) [J]. Biological Control, 2019, 133: 117-122.

[52] Ali A, Rashid M A, Huang Q Y, et al. Influence of UV-A radiation on oxidative stress and antioxidant enzymes in *Mythimna separata* (Lepidoptera: Noctuidae) [J]. Environ Sci Pollut Res, 2017, 24: 8392-8398.

[53] Hori M, Shibuya K, Sato M, et al. Lethal effects of short-wavelength visible light on insects [J]. Scientific Reports, 2014, 4 (4): 73-83.

[54] 裴昌莹，张艳萍，郑长英，2010. 西花蓟马成虫在日光温室内的分布和日活动规律 [J]. 中国生态农业学报，2010, 18 (2): 384-387.

[55] Otieno J A, Stukenberg N, Weller J, et al. Efficacy of LED-enhanced blue sticky traps combined with the synthetic lure Lurem-TR for trapping of western flower thrips (*Frankliniella occidentalis*) [J]. Pest Sci., 2018, 91: 1301-1314.

[56] Röth F, Galli Z, Tóth M, et al. The hypothesized visual system of Thrips tabaci Lindeman and *Frankliniella occidentalis* (Pergande) based on diferent coloured traps' catches [J]. North-West J Zool, 2016, 12 (1): 40-49.

[57] Maria P, Krzysztof T, Kazhymurat M. Evaluation of sticky trap colour

for thrips (Thysanoptera) monitoring in pea crops (*Pisum sativum L.*) [J]. Journal of Plant Diseases and Protection, 2020, 127: 307-321.

[58] 程丽媛，张艳，陈珍珍，等．光周期和温度对大草蛉滞育解除及滞育后发育和繁殖的影响 [J]. 昆虫学报，2017，60 (3)：318-327.

[59] 刘银民，阳积文，范春斌，等．调控东亚飞蝗体温的主要环境因子分析 [J]. 植物保护学报，2018，45 (6)：1296-1301.

[60] 涂海华，唐乃雄，胡秀霞，等．LED多光谱交替发光太阳能杀虫灯对稻田害虫诱杀效果 [J]. 农业工程学报，2016，32 (16)：193-197.

[61] 刘启航，蒋月丽，周强．东亚飞蝗对LED光信号视觉响应的波谱视敏效应测定 [J]. 农业机械学报，2016，47 (4)：233-238.

[62] Krapp H G. Sensory integration: neuronal filters for polarized light patterns [J]. Current Biology, 2014, 24 (18): 840-841.

[63] Mappes M, Homberg U. Behavioral analysis of polarization vision in tethered flying locusts [J]. Journal of Comparative Physiology A Neuroethology Sensory Neural & Behavioral Physiology, 2004, 190 (1): 61-68.

[64] Horváth, Gábor. Polarized Light and Polarization Vision in Animal Sciences [J]. Vision Research, 2014, 8 (4): 61-70.

[65] 刘启航，孔晓红，付素芳，等．蝗虫对蓝波谱不同偏光属性刺激效应的视偏响应效应测定 [J]. 农业机械学报，2018，49 (6)：239-245.

[66] Stukenberg N, Poehling H M. Blue-green opponency and trichromatic vision in the greenhouse whitefly (Trialeurodes vaporariorum) explored using light emitting diodes [J]. Ann. Appl. Biol., 2019, 175: 146-163.

[67] Ren X, Wu S, Xing Z, et al. Behavioral Responses of Western Flower Thrips (*Frankliniella occidentalis*) to Visual and Olfactory Cues at Short Distances [J]. Insects 2020, 11: 177.

[68] Mika M, Takahiko H, Yumi Y, et al. In the presence of red light, cucumber and possibly other host plants lose their attractability to the melon thrips Thrips palmi (Thysanoptera: Thripidae) [J]. Applied Entomology and Zoology, 2018, 53: 117-128.

[69] Lall A B. Electroretinogram and the spectral sensitivity of the compound eyes in the firefly Photuris vermicular (Coleoptera: Lampyridae): a correspondence between green sensitivity and species bioluminescence emission [J]. Journal of Insect Physiology, 1981, 27: 461-468.

[70] Niklas S, Markus P, Axel W, et al. Wavelength-Specific Behavior of the Western Flower Thrips (*Frankliniella occidentalis*): Evidence for a Blue-

Green Chromatic Mechanism [J]. Insects 2020，11：423-445.

[71] Samantha M. Cook et al. The use of push-pull strategies in integrated pest management [J]. Annual Review of Entomology，2007，52：375-400.

[72] Shayla S，Damon C，James D C， et al. An ancient push-pull pollination mechanism in cycads [J]. Sci. Adv.，2020，6：eaay6169.

[73] Ratnam K，Domdei N，Harmening W M， et al. Benefits of retinal image motion at the limits of spatial vision [J]. Journal of Vision，2017，17 (1)：1-11.

[74] Robert W H M，Melanie M D，Ruth C B， et al. Visually and olfactorily enhanced attractive devices for thrips management [J]. Entomologia Experimentalis et Applicata，2020，168：665-677.

[75] Kirk W D J，de Kogel W J，Koschier E H， et al. Semiochemicals for thrips and their use in pest management [J]. Annual Review of Entomology，2021，66：420-435.

[76] Wang L J，Zhou L J，Zhu Z H， et al. Differential temporal expression profiles of heat shock protein genes in Drosophila melanogaster (Diptera：Drosophilidae) under ultraviolet A radiation stress [J]. Environ Entomol，2014，43：1427-1434.

[77] Takumi O，Takuya U，Masahiko M，et al. Violet LED light enhances the recruitment of a thrip predator in open felds [J]. Sci. Rep.，2016，6：32302-32311.

[78] Alexander W. Phototaxis and phototransduction mechanisms in the model system C. elegans [D]. The University of Michigan，2010.

[79] Yamaguchi S，Desplan C，Heisenberg M. Contribution of photoreceptor subtypes to spectral wavelength preference in Drosophila [J]. PNAS，2010，107 (12)：5634-5639.

[80] Park Y G，Lee J H. UV-LED lights enhance the establishment and biological control efficacy of *Nesidiocoris tenuis* (Reuter) (Hemiptera：Miridae) [J]. PLoS ONE，2021，16 (1)：e0245165.